Des observations, des expériences pour comprendre le **Soleil** dans la vie quotidienne

Jeannine BRUNEAUX et Jean MATRICON

ISBN 978-2-7298-7387-5

32, rue Bargue 75740 Paris cedex 15

www.editions-ellipses.fr

Avant-propos

TOUTES les cultures et les religions ont fait du Soleil une divinité bienfaisante qui, de son lever à son coucher, rythmait la vie en apportant lumière et chaleur. Sa course à travers le ciel autour d'une Terre immobile semblait une évidence qu'il a fallu des siècles pour renverser et imposer l'idée incroyable d'un Soleil immobile autour duquel tournaient les planètes.

Cette longue histoire, ponctuée d'événements dramatiques, s'est déroulée par étapes, avec des avancées imposées par des observations de plus en plus précises des mouvements des astres mais également des reculs liés au fait que la place de l'Homme dans l'Univers était remise en cause : renoncer à l'idée que la Terre et les hommes qui l'habitaient occupaient le centre de l'Univers était un dur sacrifice qui coûta la vie à Giordano Bruno, brûlé vif en 1600, et valut à son contemporain Galilée de finir sa vie reclus et isolé dans un faubourg de Florence.

Un des premiers à ébranler le système géocentrique (celui d'une Terre centre de l'Univers) fut **Aristarque de Samos** (env. 310-230 av. J.-C.), né à Samos en Grèce, astronome et mathématicien dont Archimède cite les propos : « Quant à la Terre, elle se déplace autour du Soleil sur la circonférence d'un cercle ayant son centre dans le Soleil. »

L'astronome et géographe gréco-égyptien **Ptolémée** (90-168 apr. J.-C.) imposa le géocentrisme tout en rendant compte des mouvements compliqués des planètes. Plus ou moins oublié en Occident pendant mille ans, son système survécut dans la culture arabe.

C'est en 1543 que le chanoine polonais **Nicolas Copernic** (1473-1543) proposa l'idée que le Soleil plutôt que la Terre est le centre du monde. Reprise et améliorée par **Johannes Kepler** (1571-1630), mathématicien et astronome allemand et par l'illustre physicien et astronome italien

Galileo Galilei (Galilée, 1564-1642), cette idée s'imposa en moins d'un siècle. Encore un siècle et le Soleil n'était plus qu'une étoile parmi des milliards.

Cette longue histoire nous montre que les mouvements réels des trois astres qui nous concernent au plus près, la Terre, la Lune et le Soleil sont loin d'être faciles à comprendre simplement par une observation comme nous pouvons en faire chaque jour.

Au-delà de ce que tout être vivant doit au Soleil, il existe une relation quotidienne que chacun entretient avec lui : il nous éclaire, il nous chauffe, il marque le passage du temps. Ce sont ces trois éléments que nous allons développer en insistant sur la dimension scientifique attachée à chacune de ces manifestations. Nous nous intéresserons aussi à « la face cachée du Soleil », c'est-à-dire à toutes les autres façons qu'a le Soleil de se manifester sur la terre.

Chapitre 1

Le Soleil et sa lumière

LE GRAND tournesol qui tourne sa large corolle jaune vers le Soleil levant, la cigale qui cesse de chanter dès qu'il fait nuit, et des millions d'êtres vivants dont les hommes font partie sont inexorablement liés à la lumière dont le Soleil nous arrose de son lever à son coucher.

De quoi est faite cette lumière, comment la blanche lueur qui nous vient du Soleil peut-elle donner naissance à de fabuleux arcs en ciel ? Et l'ombre, d'où vient-elle, et le ciel est-il vraiment bleu, et qui donc éclaire la Lune ?

Peut-on envisager d'utiliser cette lumière aussi efficacement que le font les plantes vertes, pour en faire des énergies stockables et utilisables là où le Soleil ne brille pas ?

Plan

1. Soleil, qui es-tu ? : une étoile ordinaire
2. Une lumière intense
3. Ombre et lumière
4. Un peu d'optique
5. Les couleurs de la lumière
6. Les couleurs du Soleil et du ciel
7. L'arc-en-ciel
8. La photosynthèse
9. La lumière, source d'électricité

1. Soleil, qui es-tu ? Une étoile ordinaire

Le Soleil n'est qu'une étoile comme il en existe environ 200 milliards dans notre Voie lactée, mais nous en sommes très proches : l'étoile la plus voisine est 270 000 fois plus loin de nous que le Soleil. Grâce à cette proximité, nous avons pu l'observer en détail et comprendre son fonctionnement.

a. Le Soleil en quelques chiffres

C'est une énorme boule de gaz qui mesure 1,4 million de km de diamètre (celui de la Terre est de 12 800 km), dont la masse de 2 000 milliards de milliards de milliards de kg (330 000 fois celle de la Terre) est formée à 75 % d'hydrogène, 25 % d'hélium et d'un petit reste (0,1 %) d'éléments plus lourds (lithium, carbone, oxygène, azote...).

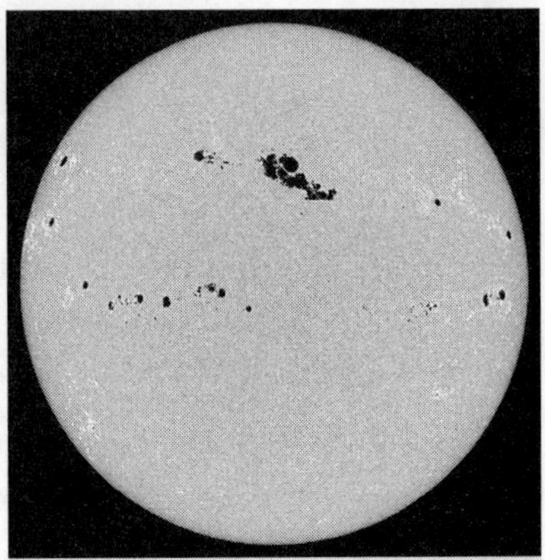

Figure 1.1 La surface du Soleil le 29/3/2001

b. Une énorme centrale thermonucléaire

Au cœur du Soleil, dans une boule qui occupe le cinquantième de son volume mais contient plus de la moitié de sa masse, la température atteint 15 millions de degrés. C'est là que se produit la « fusion » de l'hydrogène qui se transforme en hélium en dégageant une grande quantité de chaleur. Plus de 500 millions de tonnes de noyaux d'hydrogène fusionnent chaque seconde, libérant près d'un demi-milliard de milliards de milliards de joules[1]...

c. Une boule rayonnante

L'énergie fabriquée au cœur du Soleil met des centaines de milliers d'années à traverser les différentes couches qui le séparent de la surface. C'est cette surface, la « photosphère », que nous voyons. Sa

1. Le joule est l'unité internationale d'énergie. C'est l'énergie dégagée par un générateur d'une puissance de 1 watt pendant une seconde. À titre d'exemple, il faut fournir 4,18 joules pour échauffer 1 g d'eau de 1 °C.

température est d'environ 6 000 K (degré kelvin[1]) ce qui fait qu'elle brille d'une lumière intense qui rayonne dans l'espace et nous envoie lumière et chaleur. L'observation de la photosphère avec des filtres appropriés montre l'apparition, parfois, de taches sombres qui évoluent et finissent par disparaître. Nous en reparlerons au chapitre 4.

2. Une lumière intense

Chaque matin, nous « allumons » le Soleil, chaque soir, nous l'éteignons, quoi de plus naturel : presque tous les êtres vivants en font autant. Lors d'une éclipse, le Soleil disparaît soudain et cette nuit inattendue engendre des comportements inhabituels : les poules se couchent, les oiseaux se taisent, les chiens rentrent à la niche...

Même caché par les nuages, le Soleil est là, il les éclaire par-dessus, ceux-ci « diffusent la lumière » dans toutes les directions, ce qui fait qu'on ne sait plus où il est, la lumière arrivant de tous les points du ciel, mais nous voyons tout presque aussi bien que lorsqu'il nous éclaire en direct.

expérience n°1

Découper complètement la face supérieure d'une boîte cubique en carton[2] d'environ 30 cm de côté et percer un trou carré de 10 cm de côté sur une face latérale. Pour simuler le ciel nuageux, préparer une feuille de papier-calque assez grande pour couvrir complètement la face supérieure. Disposer dans la boîte quelques petits objets de différentes formes, observer par le trou latéral et comparer l'ombre des objets éclairés en direct par le Soleil ou à travers la feuille de papier-calque.

Le Soleil est une lampe particulièrement intense.

1. L'échelle de température Kelvin est décalée de 273,15 degrés par rapport à l'échelle des degrés centigrades. Exemple : 0 °C (fusion de la glace) correspond à 273,15 K.
2. Voir la « liste du matériel nécessaire pour les expériences », placée en fin d'ouvrage.

n°2

expérience

Sur une feuille de papier blanc partiellement éclairée par le Soleil, approcher progressivement une lampe torche puissante jusqu'à obtenir le même éclairement que le Soleil. Refaire la même expérience en remplaçant la lumière du Soleil par celle d'une lampe ordinaire.

À l'aube et au crépuscule, la lumière qui nous parvient du Soleil parcourt une grande distance à travers l'atmosphère, le rayonnement solaire est atténué à tel point que le Soleil peut être observé à l'œil nu sans grand danger.

En revanche, il faut éviter de le regarder lorsqu'il est haut dans le ciel, même si sa lumière est atténuée par des nuages ou de la brume, car sa luminosité peut croître très rapidement dès qu'il en sort. La brume, les poussières atmosphériques et les nuages sont autant de facteurs qui contribuent à atténuer le rayonnement.

Regarder le Soleil à travers les dispositifs optiques grossissants, par exemple des jumelles, une lunette astronomique ou un télescope, dépourvus de filtre adapté (filtre solaire) est extrêmement dangereux et peut rapidement provoquer des dommages irréparables à la rétine, au cristallin et à la cornée.

En effet, avec des jumelles, environ 500 fois plus d'énergie frappe la rétine, ce qui peut en détruire les cellules quasiment instantanément et entraîner une cécité permanente.

Les filtres utilisés pour observer le Soleil doivent être spécialement fabriqués pour cet usage car certains filtres laissent passer les rayons ultraviolets ou infrarouges, ce qui peut blesser l'œil.

Figure 1.2 Image photographique du Soleil prise avec un filtre

Les filtres doivent être placés devant l'entrée de l'instrument, jamais sur la sortie, pour éviter que la lumière du Soleil ne traverse directement l'instrument.

Les films photographiques surexposés – et donc noirs – ne sont pas suffisants pour observer le Soleil en toute sécurité : ils laissent passer trop d'infrarouges. Il est recommandé d'utiliser des lunettes spéciales en Mylar noir qui ne laissent passer qu'une très faible fraction de la lumière et qu'on utilise en particulier pour observer les éclipses de Soleil.

Il existe dans le commerce des montages simples et bon marché qui donnent des images du disque solaire d'excellente qualité (Solarscope). Nous proposons de réaliser un montage équivalent au chapitre 3.5.

3. Ombre et lumière

a. Ombre portée et cône d'ombre

En été, on cherche l'ombre, l'endroit où la lumière directe du Soleil est arrêtée par un objet opaque. Mais qu'est-ce que l'ombre : est-ce cette marque noire sur le sol, ou alors tout l'espace que le Soleil n'atteint pas ? En fait, c'est l'un et l'autre, la marque noire s'appelle l'**ombre portée**, l'espace sans Soleil est **le cône d'ombre**.

expérience n° 3

Se placer dos au Soleil et observer l'ombre portée que dessine notre corps sur le sol. Déplacer sa main devant soi à la limite de l'ombre de son corps, de façon à ce qu'elle soit à moitié éclairée. On peut visualiser ainsi le contour de son cône d'ombre.

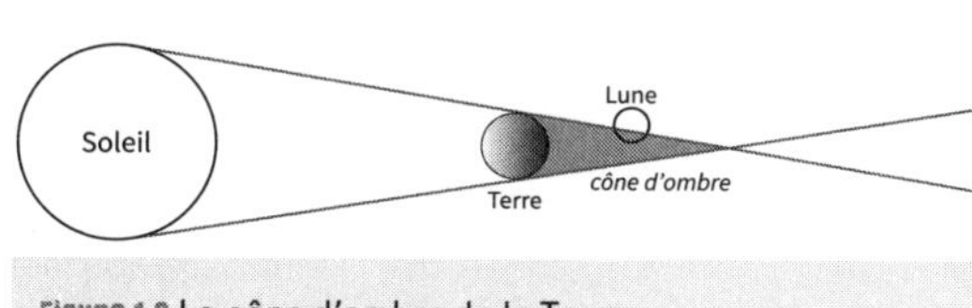

Figure 1.3 Le cône d'ombre de la Terre

Le cône d'ombre de la Terre, représenté sur la figure ci-dessus, nous le connaissons bien, chaque nuit nous le traversons. En revanche, son ombre portée ne nous est révélée que lors d'une éclipse de Lune, qui se produit lorsque celle-ci rentre dans le cône d'ombre de la Terre. Le dessin ci-dessus montre les positions respectives du Soleil, de la Terre et de la Lune lors d'une telle éclipse et la photo ci-dessus montre cette ombre portée. Il ne faut pas confondre cette image avec celle des phases de la lune dont nous parlerons au chapitre 3.

Figure 1.4 Ombre portée de la Terre sur la lune

question n°1

Le télescope JWST (James Webb Space Telescope), qui doit succéder au télescope Hubble, sera envoyé en un point situé à 1,5 million de km de la Terre, sur l'axe Soleil-Terre, du côté opposé au Soleil. Cette position assure à l'objet un mouvement qui maintiendra constantes ses positions respectives par rapport à la Terre et au Soleil.

Sous quel angle voit-on le Soleil et la Terre depuis ce point ? JWST verra-t-il le Soleil ?

On prendra une distance moyenne Soleil-Terre égale à 150 millions de km. On rappelle que le diamètre de la Terre est de 12 800 km et celui du Soleil de 1,4 million de km.

Aide : L'angle α sous lequel on voit un objet dépend du diamètre D de l'objet et de son éloignement L par rapport au lieu d'observation. Si L est très grand par rapport à D, la valeur de l'angle exprimé en radian* est sensiblement égale au rapport D/L du diamètre par la distance.

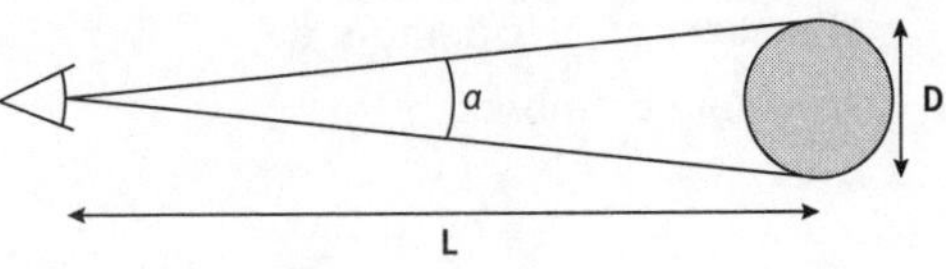

Figure 1.5 Angle sous lequel on voit un objet

*Le radian (rd) est une unité de mesure des angles définie par la relation : 2π rd = 6,28 rd = 360°, soit 1 rd = 57°17'44,48''.

b. Pénombre

Chaque point de la surface du Soleil est une source ponctuelle qui donne d'un objet opaque une ombre nette, mais comme le Soleil a une certaine étendue, l'ombre véritable est la somme de toutes ces ombres nettes légèrement décalées les unes par rapport aux autres. La limite entre la partie éclairée et la partie obscure a donc une certaine largeur, d'autant plus grande que l'objet est plus éloigné de la surface où l'ombre se projette. Cette zone est appelée pénombre.

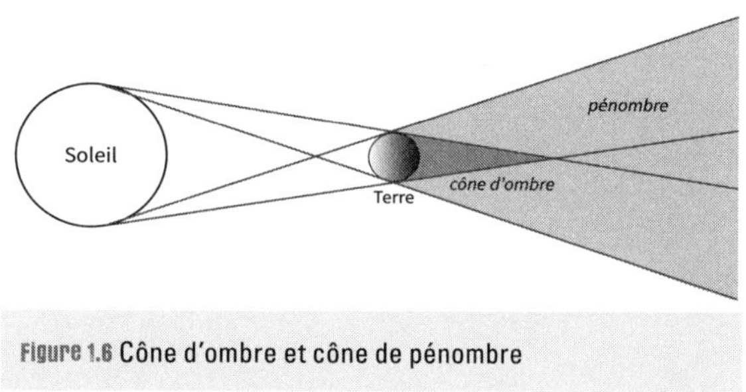

Figure 1.6 Cône d'ombre et cône de pénombre

n°4

expérience

On utilise un chevalet pour orienter une feuille de papier blanc perpendiculairement à la direction du Soleil. On place une balle de tennis, par exemple, devant la feuille et on l'éloigne progressivement jusqu'à environ deux mètres. On peut alors observer l'évolution de l'ombre en fonction de la distance.

La Terre, éclairée par le Soleil, donne naissance, dans la direction opposée au Soleil, à deux cônes, un cône d'ombre et un cône de pénombre.

Les photos ci-après sont celles d'une baguette éclairée par le Soleil, située à différentes distances D d'un écran blanc orienté perpendiculairement à la direction du Soleil.

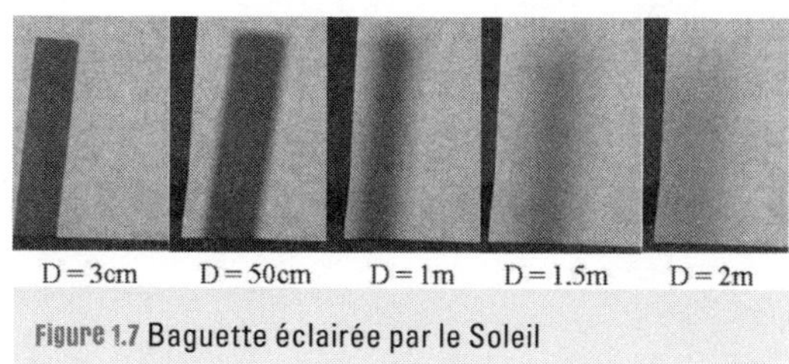

Figure 1.7 Baguette éclairée par le Soleil

question n°2

En regardant cette série d'images, à quelle distance D estimez-vous que l'ombre disparaît au profit de la pénombre ? Calculez alors la valeur approximative du diamètre de la baguette.

c. Tromper son ombre

expérience n°5

Chercher un miroir éclairé par le Soleil à travers une fenêtre et qui projette sa lumière sur un mur. Placer sa main à la fois entre le Soleil et le miroir et dans la lumière réfléchie par le miroir : on peut en observer les deux ombres sur le mur. En regardant sa main, on peut constater qu'il n'y a plus de cône d'ombre, elle est éclairée des deux côtés !

d. Quand la pénombre disparaît

expérience n°6

Un jour de grand Soleil à midi, rechercher un arbre bien feuillu et projeter sur le sol l'ombre d'un crayon tenu à la main, éclairé d'une part par le plein Soleil, d'autre part par ce qui passe de lumière solaire à travers un petit trou entre les feuilles de l'arbre. L'ombre a-t-elle le même aspect dans les deux cas ?

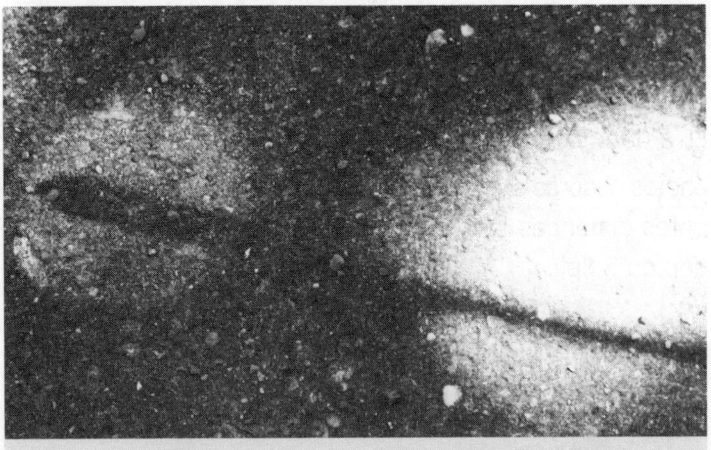

Figure 1.8 Quand la pénombre disparaît

Comme on peut l'observer sur la photo ci-dessus, les deux ombres du même objet ont des allures très différentes. Dans la partie droite (plein Soleil), la pénombre est à son maximum et l'ombre est très étroite. Dans la partie gauche, la source lumineuse n'est plus le Soleil dans son ensemble, mais le petit trou entre les feuilles, dont le diamètre, vu depuis le sol, est beaucoup plus petit que le diamètre apparent du Soleil. C'est cette minuscule source qui éclaire le crayon, donc la pénombre est imperceptible et l'ombre très bien définie. Ces deux situations sont représentées sur la figure 1.9.

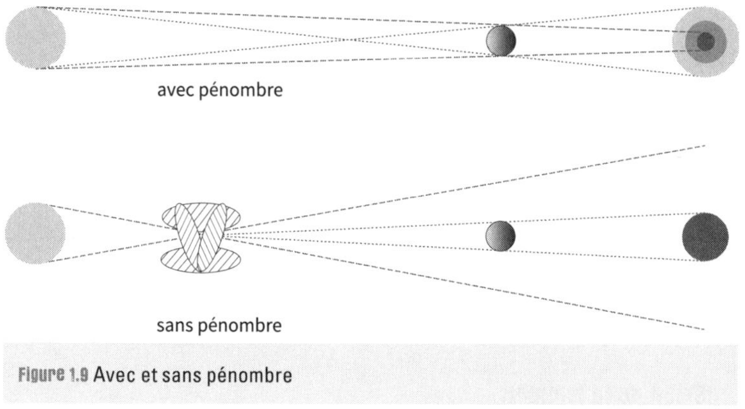

Figure 1.9 Avec et sans pénombre

4. Un peu d'optique

Attention : ce sous-chapitre, qui permet de mieux comprendre les trois chapitres suivants, contient des formules et des raisonnements abstraits.

a. Vitesse de la lumière et indice de réfraction

Lorsqu'un orage se produit à proximité, le bruit du tonnerre nous parvient un certain temps après qu'on ait vu l'éclair, car la vitesse du son dans l'air (340 m/s) est considérablement plus faible que celle de la lumière. Pourtant, cette dernière n'est pas infinie et nous en connaissons la valeur dans le vide de l'univers, dans l'air, dans l'eau, dans le verre et dans toutes sortes de matériaux transparents. Dans le vide, cette vitesse, désignée par la lettre c, est voisine de 300 000 km/s (très exactement 299 792,458 km/s), ce qui fait que la lumière met 1,2 s pour venir de la Lune, environ 8 min pour venir du Soleil et 4,22 années pour venir de l'étoile la plus proche du Soleil (Proxima du Centaure).

Le trajet suivi par la lumière pour aller d'un point à un autre ne dépend pas du sens de propagation de la lumière ; dans tout milieu matériel transparent (air, eau, verre, etc.), la vitesse de propagation v de la lumière a une valeur spécifique qui dépend du milieu et qui est inférieure à c. On définit, pour chaque milieu matériel, un indice de réfraction n = c/v ; il est toujours supérieur à 1 et pour chaque substance, sa valeur dépend de la couleur de la lumière (voir chapitre 1.5).

Par exemple

indice de l'air : n_{air} = 1,000292 ;

indice du verre : n_{verre} de l'ordre de 1,5 ;

indice de l'eau : n_{eau} = 1,33 pour la lumière jaune ;

indice du diamant : $n_{diamant}$ = 2,407 pour le rouge et 2,451 pour le violet.

b. Réflexion de la lumière

n°7

expérience

Lorsqu'on éclaire un miroir avec une lampe torche, on peut observer sur un écran placé en face du miroir une tache correspondant à la « réflexion » de la lumière. En faisant varier l'angle sous lequel la lumière de la torche atteint le miroir (angle d'incidence), on constate que la tache se déplace sur l'écran : l'angle de réflexion varie de la même façon que l'angle d'incidence.

Un rayon lumineux qui arrive sur un miroir en faisant un angle d'incidence i avec la perpendiculaire ou normale à la surface du miroir (en trait fin sur la figure) sera réfléchi en faisant avec la normale l'angle de réflexion : i' = i.

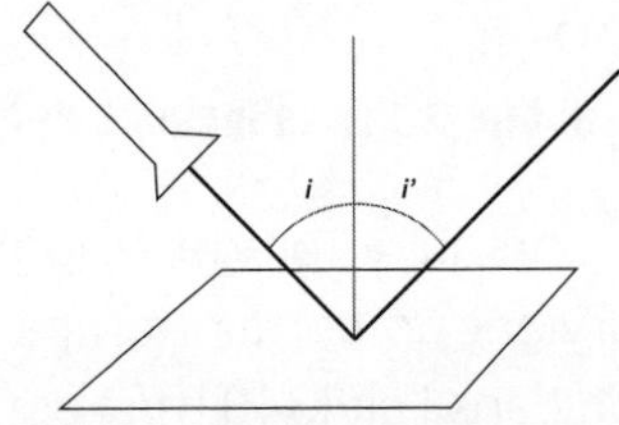

Figure 1.10 Angles d'incidence et de réflexion sur un miroir

Dans un miroir vertical, l'image de deux objets voisins dont l'un est situé à la gauche de l'autre montre ces deux objets inversés, celui qui était à gauche semblant maintenant à droite.

Si on place sa main droite parallèlement à la surface d'un miroir, on voit une main gauche. Dans un miroir horizontal, c'est le haut et le bas qui semblent inversés.

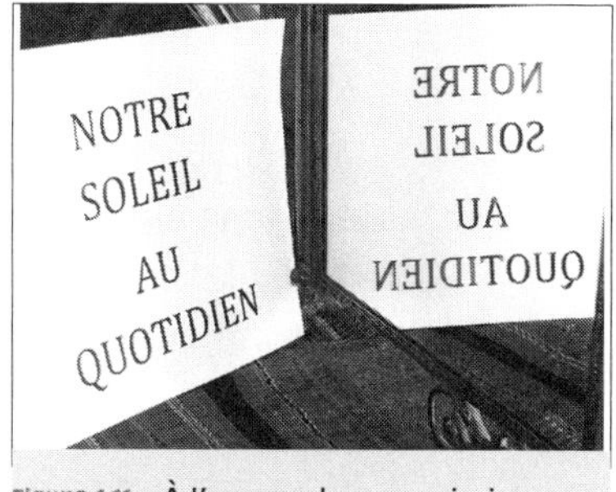

Figure 1.11 « À l'envers dans un miroir »

c. Réfraction de la lumière

Un rayon lumineux qui arrive **perpendiculairement** à la surface de séparation de deux milieux transparents traverse cette surface et pénètre dans le second milieu sans être dévié.

S'il arrive en faisant un angle i avec la normale à la surface de séparation air-verre par exemple, il pénètre dans le verre en se rapprochant de la normale, suivant un angle r tel que : $\sin i = n_v \sin r$, où n_v est l'indice du verre. On dit qu'il se réfracte.

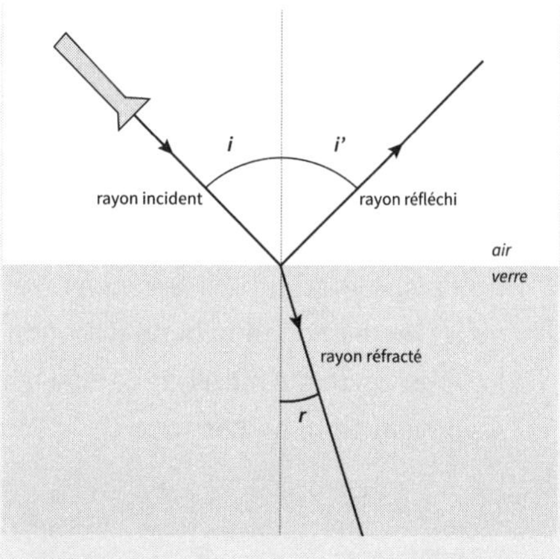

Figure 1.12 Angles d'incidence, de réflexion et de réfraction

La surface du verre se comporte également comme un miroir et donne naissance à un rayon réfléchi, dont l'intensité est plus faible que celle du rayon incident. Comme pour le miroir, on a i' = i.

expérience n° 8

On trace sur une grande feuille de papier une ligne droite. On dépose sur la feuille un récipient, dont le fond plat est transparent, qui chevauche la ligne tracée sur la feuille.

On observe l'aspect de la ligne avant puis après remplissage du récipient. Le décalage de la ligne provient du fait que les rayons lumineux qui vont de la ligne noire à notre œil ont une trajectoire directe dans l'air (première image) mais subissent une réfraction à la sortie de l'eau et prennent une direction différente de celle des rayons directs (seconde image).

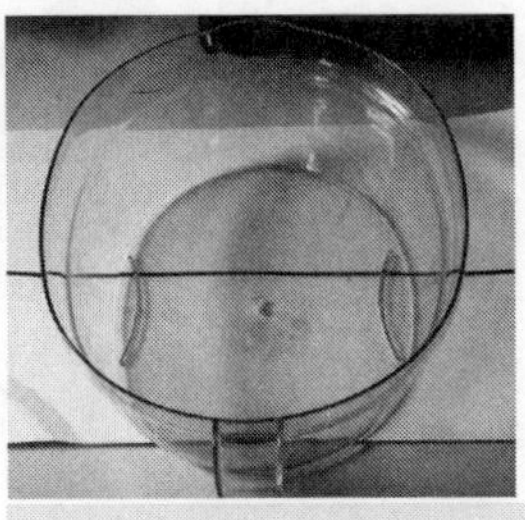

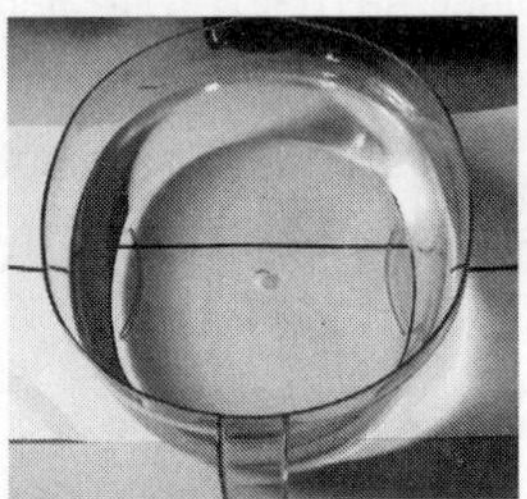

Figure 1.13 Le récipient est vide — Le récipient est plein d'eau

n°9

expérience

On remplit d'eau une cuve placée sur un miroir plan. En éclairant la surface de l'eau avec un pointeur laser selon un angle d'incidence donné, on peut observer le changement de direction du rayon lumineux au passage dans l'eau, la réflexion sur le miroir et de nouveau observer le changement de direction du rayon lumineux au passage dans l'air.

d. Le prisme

Un prisme en verre a deux faces planes qui font entre elles un angle A. Un rayon lumineux qui arrive en I sur une de ces faces selon un angle i se réfracte en faisant avec la normale un angle r tel que : $\sin i = n_v \sin r$ où n_v est l'indice du verre.

Ce rayon arrive en I' sur l'autre face plane en faisant un angle r' avec la normale et ressort du prisme sous l'angle i' tel que : $\sin i' = n_v \sin r'$.

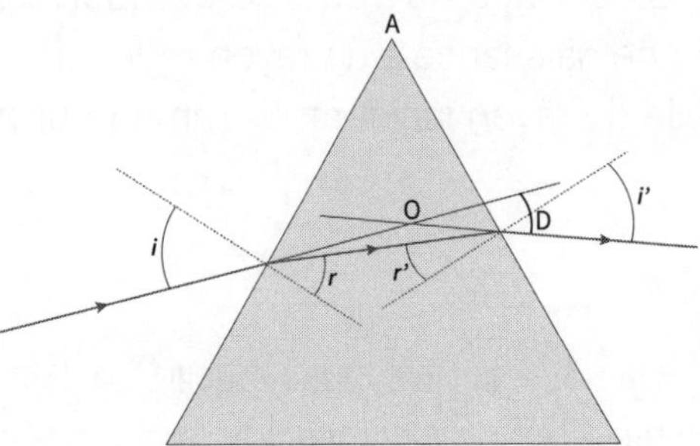

Figure 1.14 Réfraction d'un rayon lumineux par les deux faces d'un prisme de verre

On montre que la déviation D entre le rayon incident en I et le rayon émergeant en I' s'exprime par la relation : D = i + i' - A.

La déviation D dépend donc, par l'intermédiaire de l'angle i', de la valeur de l'indice de réfraction du verre n_{verre}.

n°10

expérience

Observer la déviation du faisceau du pointeur laser à travers un prisme qui peut être le bord d'un morceau de verre brisé. Faire varier l'angle d'incidence et observer comment varie la déviation.

5. Les couleurs de la lumière

a. La décomposition de la lumière blanche

La lumière du Soleil est blanche, mais qu'est-ce que la couleur blanche ? Éclairés par le Soleil, les feuilles des arbres sont vertes, les coquelicots sont rouges, le bleuet est bleu et les tournesols sont jaunes. Les mêmes objets, éclairés de nuit par les réverbères, semblent uniformément jaunes car la lumière émise par ces réverbères est presque exclusivement jaune.

n°11

expérience

Recouvrir d'une feuille transparente, colorée en jaune ou en bleu, l'orifice découpé dans la face supérieure de la boîte cubique en carton utilisée au sous-chapitre 1.2 ; exposer cette ouverture au Soleil et observer par le trou latéral un objet multicolore. Peut-on reconnaître les couleurs ?

Le grand savant anglais Isaac Newton a été le premier à montrer que la lumière blanche du Soleil est un mélange de couleurs, qu'il a séparées les unes des autres à l'aide d'un prisme en verre.

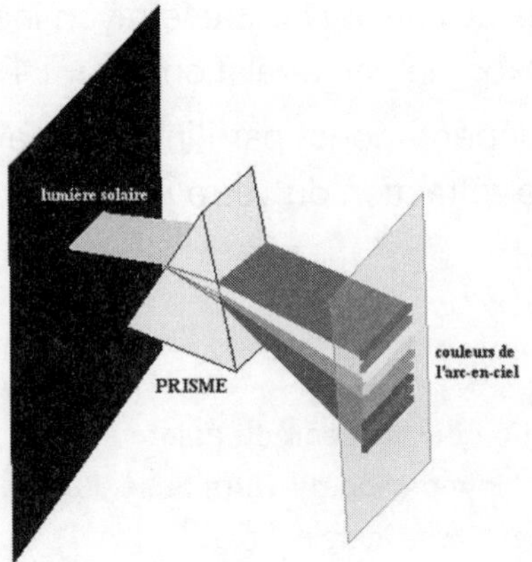

Il a fait ainsi apparaître, rangées dans un ordre rigoureux, les célèbres sept couleurs du spectre : rouge, orange, jaune, vert, bleu, indigo et violet. La figure 1.15 et l'image n° I.1 du cahier couleur montre la décomposition de la lumière par un prisme de verre. Les déviations D sont différentes pour chaque couleur.

n°12

expérience

Percer dans une feuille de carton une fente (2 mm/5 cm) ; fixer ce carton contre une fenêtre exposée au Soleil et placer une feuille blanche là où se forme la tache lumineuse de la fente. Placer une arête du prisme ou le bord brisé du verre juste derrière la fente. Observer ce que devient la tache blanche suivant l'orientation du verre. On va apercevoir pour certaines orientations l'apparition des couleurs du spectre.

Les ondes radio sont caractérisées par leur fréquence et leur longueur d'onde. Il en est de même pour la lumière. La lumière blanche est constituée d'ondes ayant des longueurs d'onde différentes et le prisme dévie les rayonnements en fonction de leur longueur d'onde.

L'image n° I.2 du cahier couleur montre cette décomposition ou **spectre** de la lumière visible. Chaque couleur de la lumière est caractérisée par sa « longueur d'onde » qui est comprise entre 400 à 700 nanomètres (1 nanomètre = 10^{-9} mètre). La longueur d'onde λ (lambda) et la fréquence ν (nu) sont liées à la vitesse c de la lumière par la relation $\lambda\nu = c$.

b. Synthèse additive et synthèse soustractive

Éclairée par le Soleil, la feuille de papier renvoie toute la lumière reçue et nous apparaît blanche. À l'opposé du blanc, le noir est l'absence de couleur : un objet noir absorbe toutes les couleurs du spectre et n'en renvoie aucune.

Les trois couleurs les mieux placées pour reconstituer tout le spectre en les additionnant sont prises aux extrémités et en plein milieu du spectre : le rouge, le bleu et le vert.

n°13

expérience

Prendre trois lampes torches identiques et coller sur chacune d'elles un filtre coloré, respectivement rouge, vert et bleu. Éclairer un écran successivement :

- avec une lampe (la rouge par exemple) : on observe un cercle rouge ;
- avec deux lampes (rouge et verte) : on observe une zone jaune dans la partie où les taches se superposent ;
- avec les trois lampes : la partie commune aux trois faisceaux est blanche.

L'image n° I.3 du cahier couleur montre ce qu'on appelle la « synthèse additive » des couleurs.

n°14

expérience

Prendre trois crayons de couleur, jaune, rouge et bleu. Griffonner trois dessins qui se superposent, un avec chaque crayon. On peut constater que là où les trois couleurs se superposent, on obtient presque du noir.

Les imprimeurs utilisent des couleurs différentes, le magenta à la place du rouge et le cyan à la place du bleu comme sur l'image n° I.4 du cahier couleur.

Remarquons que dans l'expérience précédente nous avons déjà obtenu le cyan par synthèse additive du bleu et du vert et le magenta par synthèse additive du bleu et du rouge.

Ce procédé de mélange de couleurs s'appelle « synthèse soustractive ».

6. Les couleurs du Soleil et du ciel

a. La couleur du ciel

Une partie de la lumière émise par le Soleil est réfléchie par l'atmosphère terrestre. L'autre partie pénètre cette atmosphère où elle rencontre les molécules dont l'air est constitué (diazote, dioxygène...). Chaque molécule est constituée d'atomes eux-mêmes constitués d'un noyau entouré d'un nuage d'électrons. Sous l'effet de la lumière, ce nuage se met à osciller très rapidement en absorbant de l'énergie lumineuse.

L'énergie de cette agitation est ensuite émise sous forme de lumière qui semble avoir rebondi sur la molécule pour repartir dans toutes les directions : c'est la « diffusion » qui est d'autant plus importante que la longueur d'onde de la lumière diffusée est plus courte. Le bleu et le violet, de longueurs d'onde courtes, sont donc beaucoup plus diffusés que le jaune et le rouge, dont les longueurs d'onde sont plus longues. **Cela donne au ciel sans nuages sa coloration bleue**. Ainsi, tout rayon lumineux issu du Soleil et qui traverse l'atmosphère perd progressivement par diffusion les composantes violettes et bleues, ce qui l'enrichit progressivement en composantes tirant vers le rouge.

La teinte exacte du ciel dépend également de la quantité de gouttelettes d'eau et de poussières en suspension dans l'air. Ces particules qui sont plus grosses que les molécules d'air, diffusent de façon identique toutes les couleurs, c'est-à-dire une lumière de couleur blanche : elles rendent donc le bleu du ciel blanchâtre et plus lumineux. La photo n° I.5 du cahier couleur montre différentes nuances de couleur d'un ciel bleu.

La couleur du ciel varie énormément avec l'altitude. Le ciel est d'une couleur bleu foncé en altitude alors qu'il est beaucoup plus clair au niveau de la mer. En effet, à basse altitude, la lumière qui nous parvient a rencontré un grand nombre de molécules (la moitié de la masse de l'atmosphère se situe en dessous de 5 500 m), la diffusion est importante. À haute altitude au contraire, la diffusion de la lumière bleue est relativement limitée, le ciel est plus sombre.

La couleur du ciel varie aussi avec le moment de la journée. En soirée, les rayons lumineux issus du Soleil traversent l'atmosphère sur une épaisseur beaucoup plus grande qu'à midi lorsque le Soleil est au zénith. La diffusion des rayons solaires est donc beaucoup plus importante qu'en journée. En réalité, l'épaisseur d'atmosphère traversée par les rayons lumineux est assez importante pour diffuser l'intégralité de la lumière bleue et verte et une partie de la lumière jaune. Le ciel prend une teinte rosée et la lumière nous parvenant directement du Soleil contient alors en majorité du rouge et du jaune. La situation est identique au lever du Soleil.

Lorsque nous regardons le ciel diurne, ce sont donc les tons bleus et violets qui dominent, mais notre œil, plus sensible au bleu qu'au violet, voit le ciel bleu.

n°15

expérience

Ciel bleu et Soleil rouge

On prend deux verres contenant l'un de l'eau pure et l'autre de l'eau et quelques gouttes de lait. On expose les deux verres à la lumière du Soleil et on compare les lumières transmises et diffusées.

Le lait contient de minuscules particules qui lui donnent sa couleur et son opacité. Très diluées, ces particules diffusent la lumière solaire à peu près comme le font les molécules de l'air et la lumière ainsi diffusée a une coloration bleue parfaitement visible. Cette faible coloration est rendue plus visible en plaçant derrière le verre un écran noir comme on peut le voir sur la photo n° I.6 du cahier couleur.

Ayant perdu une partie de sa composante bleue par diffusion, la lumière qui ressort de l'autre côté du verre n'est plus blanche, mais rougeâtre comme on peut le voir (photo n° I.7 du cahier couleur) sur la feuille de papier où se condense la lumière sortante.

b. La couleur du Soleil

À midi, la lumière du Soleil a perdu un peu de son bleu du fait de la diffusion par les molécules de l'atmosphère. Le disque solaire semble donc légèrement jaune. Le matin ou le soir, quand le Soleil est plus bas sur l'horizon, l'effet s'accentue : les rayons solaires doivent traverser une plus grande épaisseur de l'atmosphère pour atteindre notre œil. Les diffusions multiples sur les molécules constituant l'air grignotent encore un peu plus le spectre de la lumière dans sa partie bleue. On obtient donc les teintes orange et rouges de l'aube et du crépuscule.

c. Le rayon vert

C'est un phénomène optique rare qui peut être parfois observé au moment de la disparition du Soleil derrière l'horizon ; un point vert apparaît alors pendant un court instant : les rayons bleus diffusés dans toutes les directions ont disparu mais la couleur verte, moins diffusée que la bleue, reste brièvement visible.

Ce phénomène peut aussi s'observer juste avant le lever du Soleil.

La photo n° I.8 du cahier couleur a été prise 15 octobre 2005 depuis l'observatoire Paranal de La Silla au Chili situé à 2 400 m d'altitude dans le désert d'Atacama. La ligne rouge représente une couche de nuages bas éclairés par-dessus par le Soleil couchant.

7. L'arc-en-ciel

La chaude journée s'achève par un superbe orage, qui donne une pluie battante et des rafales de vent. Soudain, le Soleil apparaît alors qu'il pleut encore. Immédiatement, du côté opposé au Soleil se forme un magnifique arc-en-ciel, demi-cercle presque complet allant d'un horizon à l'autre, montrant toutes les couleurs du rouge à l'extérieur au violet à l'intérieur. Le vent a beau souffler parfois violemment et la pluie tomber très oblique, l'arc-en-ciel est immobile (photo n° I.9 du cahier couleur).

Mais, au fait, où naît-il vraiment ? On a le sentiment que, lorsque l'on marche, l'arc-en-ciel se déplace exactement comme nous ; il est tout proche, à portée de main, mais il est impossible de l'attraper. La pluie cesse soudain et l'arc-en-ciel s'efface en quelques secondes.

Lorsqu'un rayon de lumière blanche pénètre dans une goutte de pluie, il en ressort, mais il n'est plus blanc : la goutte d'eau se comporte comme une sorte de prisme qui transforme un rayon de lumière blanche en un faisceau de rayons colorés. Chaque couleur ressort suivant une direction bien déterminée, les rayons rouges ayant été les moins déviés, les violets les plus déviés. C'est pour cela que notre œil voit des couleurs bien séparées.

La valeur précise de l'angle sous lequel le rayon ressort de la goutte dépend de la couleur des composantes de la lumière : l'angle de réfraction de la lumière bleue est plus grand que celui de la lumière rouge, mais en raison de la réflexion totale sur le fond de la goutte, la lumière rouge apparaît plus haut dans le ciel et forme la couleur externe de l'arc-en-ciel (Image n° I.10 du cahier couleur). L'angle que fait le rayon sortant avec le rayon entrant varie de 40° pour le violet à 42° pour le rouge.

Pour comprendre la forme circulaire de l'arc-en-ciel ainsi que sa position par rapport au Soleil, il faut se représenter une goutte d'eau, parfaitement sphérique, éclairée par le Soleil. À cause de cette forme sphérique, ce n'est pas un rayon de chaque couleur qui ressort de la goutte, mais une nappe conique de rayons colorés, une sorte de parapluie de rayons lumineux, dont le manche est aligné vers le Soleil.

Chaque goutte d'eau renvoie son propre parapluie de lumière, mais notre œil ne reçoit un rayon que si la goutte est dans la bonne direction. Les « bonnes » gouttes sont situées sur un cône dont l'axe est la direction du Soleil et notre œil voit donc un arc parfaitement circulaire.

Pour visualiser un arc-en-ciel, l'observateur doit toujours avoir le Soleil dans le dos. Toutes les gouttes de pluie réfractent et reflètent la lumière du Soleil de la même manière, mais seulement la lumière d'une petite partie des gouttes de pluie atteint l'œil de l'observateur. C'est l'image formée par la lumière de ces gouttes de pluie que nous voyons sous forme d'arc-en-ciel.

n°16

expérience

On utilise une lance de jet d'eau pour projeter des gouttelettes d'eau devant soi tout en ayant le Soleil dans le dos. On observe la forme de l'arc et la disposition des couleurs (photo n° 1.11).

Parfois, un second arc-en-ciel, moins lumineux, donc plus difficile à observer, peut être aperçu au-dessus de l'arc primaire. Il est dû à une double réflexion de la lumière du Soleil à l'intérieur des gouttes de pluie ; on peut l'apercevoir sur la photo n° I.9 du cahier couleur.

À cause de la réflexion supplémentaire, les couleurs de ce second arc sont inversées par rapport à l'arc primaire, avec le bleu à l'extérieur et le rouge à l'intérieur, et l'arc est moins lumineux.

8. La photosynthèse

a. Les plantes ont besoin du Soleil pour vivre et pousser

C'est un Anglais, Joseph Priestley, qui le premier en 1774 a observé que les plantes absorbent du dioxyde de carbone et libèrent un gaz qu'il nomme « l'air déphlogistiqué » ou « air non inflammable ». Priestley fait part de son expérience au chimiste français Antoine Laurent de Lavoisier, qui la reproduit et nomme ce gaz l'« oxygène ».

Dans son expérience initiale, Priestley introduit des brins de menthe sous une cloche exposée au Soleil où brûle une bougie qui s'éteint après quelques minutes. Mais, vingt-sept jours plus tard, à sa grande surprise, il est capable de rallumer la bougie à l'intérieur de la cloche en concentrant les rayons du Soleil avec une loupe. Il observe également qu'une souris introduite sous la cloche ne meurt pas si une plante est présente.

Il fait part de sa découverte en ces termes : « J'ai découvert accidentellement une méthode pour restaurer l'air qui a été blessé par la combustion des bougies, et j'ai découvert l'un au moins des moyens de restauration utilisés dans ce but par la nature. C'est la végétation. » J. Priestley avait découvert la photosynthèse, le processus par lequel les plantes convertissent le dioxyde de carbone et l'eau en sucres et en oxygène en utilisant la lumière du Soleil comme source d'énergie.

expérience n°17

On place une plante aquatique, par exemple l'élodée, dans un récipient clos rempli d'eau ; on note l'apparition de bulles de gaz sur les feuilles lorsqu'elles sont exposées à la lumière du Soleil.

La bougie a besoin d'oxygène pour brûler. En effet, en brûlant, la matière constituant la bougie se combine avec l'oxygène pour donner de l'eau et du gaz carbonique. Quand tout l'oxygène qui est sous la cloche est consommé, la bougie s'éteint.

Lorsqu'on introduit la plante, celle-ci transforme, grâce à la lumière solaire, le gaz carbonique et la vapeur d'eau produits par la combustion pour libérer de l'oxygène et synthétiser des matières organiques (amidon, sucres) nécessaires à sa croissance. L'oxygène ainsi produit redonne à la bougie la possibilité de brûler.

expérience n°18

On met des petites graines (lentilles...) à germer sur des feuilles de papier absorbant humide. On place la moitié des graines à l'obscurité et l'autre à la lumière, en veillant à ce que la température des deux préparations soit de l'ordre de 25 °C. Observer l'évolution des germinations et peser régulièrement les jeunes plantes.

La photosynthèse est le processus de transformation qui permet aux plantes de synthétiser, grâce à la lumière du Soleil, la matière organique dont elles ont besoin pour se développer. La photosynthèse se déroule dans des structures membranaires très riches en protéines et pigments dont les plus connus sont les **chlorophylles**. Les besoins nutritifs de la plante sont, outre le dioxyde de carbone qui se trouve dans l'air, l'eau et les minéraux du sol.

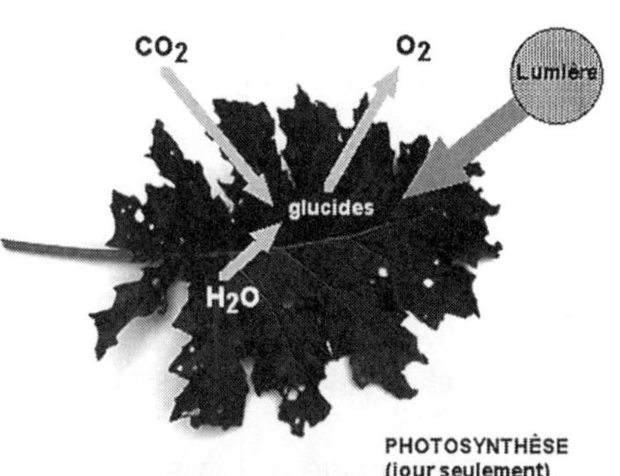

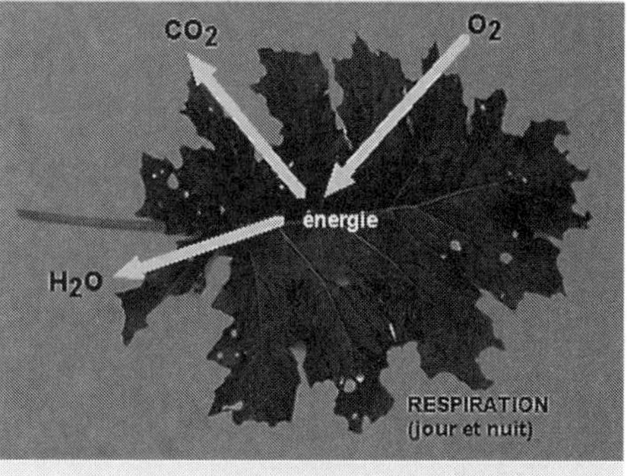

Figure 1.16 La photosynthèse

Outre la photosynthèse, le métabolisme des plantes utilise la respiration qui se déroule de nuit comme de jour et qui se solde par l'absorption d'oxygène et l'émission de dioxyde de carbone.

Le processus de **photosynthèse** est représenté par l'équation chimique suivante où le symbole CO_2 représente la molécule de dioxyde de carbone, H_2O l'eau, O_2 le dioxygène et $C_6H_{12}O_6$ le glucose :

$6\ CO_2 + 6\ H_2O + \text{lumière} \rightarrow C_6H_{12}O_6 + 6\ O_2$

n°19

expérience

On remplit deux grands récipients respectivement d'eau distillée et d'eau de source dont on a vérifié qu'elle est riche en ions bicarbonate ; on place dans chacun un verre contenant une tige de menthe ou d'élodée ; on le couche pour le remplir en faisant en sorte qu'aucune bulle d'air ne reste et on le retourne.

On expose les verres au Soleil. On observe si l'on voit apparaître des bulles dans les deux verres. On peut éventuellement mettre dans chaque récipient un verre « témoin » ne contenant pas de plante aquatique pour s'assurer que le phénomène observé est bien dû à la photosynthèse. Que se passe-t-il ? Peut-on en déduire l'importance de l'ion bicarbonate dans la photosynthèse ?

b. Rôle de la chlorophylle dans la photosynthèse

La chlorophylle est la substance qui donne aux plantes leur couleur verte. C'est un pigment qui absorbe une partie de l'énergie lumineuse reçue du Soleil pour la transformer en énergie chimique. Il existe plusieurs formes de chlorophylle de structures chimiques différentes, les plus répandues étant les chlorophylles a et b :

- la chlorophylle a est le pigment présent chez tous les végétaux, aquatiques et terrestres (≈ 3 g/kg de feuilles fraîches) ;
- la chlorophylle b n'est présente que dans les algues vertes et les végétaux supérieurs tels que les arbres (≈ 0,7 g/kg de feuilles fraîches).

n°20

expérience

On découpe 2 ou 3 feuilles d'épinard en petits morceaux et on les place dans un mixer avec environ 50 ml d'alcool à 90° :

- on broie, on filtre jusqu'à obtenir une solution parfaitement limpide et on récupère le filtrat dans un tube à essai (ou un verre étroit) ;
- on observe par transparence la solution ainsi obtenue où la chlorophylle très abondante, donne une couleur verte car elle absorbe la plupart des rayonnements lumineux à l'exception du vert ;
- on place une lampe puissante (un spot halogène ou le Soleil) devant la solution. La chlorophylle paraît alors rouge.

Cette double coloration apparaît nettement sur la photo n° I.12 du cahier couleur.

explication

En présence de la lumière, certains électrons des atomes qui composent la chlorophylle absorbent l'énergie lumineuse, ce qui les amène à un état « excité ». Cet état, très instable, ne dure que très peu de temps et les électrons reviennent spontanément à leur état initial en restituant l'énergie absorbée sous forme de lumière rouge. Ce phénomène d'émission d'une lumière différente de la lumière absorbée s'appelle la fluorescence.

c. Rôle de la photosynthèse dans la production d'oxygène

La nuit, la photosynthèse est suspendue, mais la plante respire de manière continue le jour et la nuit. Sur 24 heures, la production de dioxyde de carbone issue de la respiration est moins importante que celle en oxygène issue de la photosynthèse, durant la journée.

À l'échelle planétaire, les algues et le phytoplancton marin sont de gros fournisseurs d'oxygène, ainsi que les forêts. On a longtemps cru que les mers froides et tempérées étaient les seules à avoir un bilan positif en termes d'oxygène, mais une étude récente montre que les océans subtropicaux, pauvres en éléments nutritifs, sont également producteurs d'oxygène, avec une production saisonnière irrégulière. Ces océans jouent donc un rôle en termes de « puits de carbone ». De même on a longtemps cru que l'oxygène n'était produit que dans les couches très superficielles de l'océan, alors que le nanoplancton, qui se développe en profondeur, peut en produire aussi, mais en très petite quantité et très lentement. Dans les mares et les étangs, ou dans les « zones mortes » de la mer, ce bilan peut être négatif.

9. La lumière, source d'électricité

Le rayonnement qui nous parvient du Soleil nous apporte de l'énergie thermique et lumineuse. On a vu que les plantes savent transformer cette énergie lumineuse en énergie chimique. Nous allons voir maintenant comment nous sommes capables, nous, de la transformer directement en énergie électrique.

a. Étude d'une cellule photovoltaïque éclairée par le Soleil

Nous allons vérifier que, lorsque le Soleil éclaire une cellule photovoltaïque, il apparaît une tension entre ses bornes, qui permet de faire circuler un courant.

n°21 expérience

Nous utiliserons une lampe LED et une lampe solaire de jardin qui reçoit la lumière du Soleil le jour et éclaire la nuit grâce à un système qui permet de recharger un accumulateur au cours de la journée : il faut récupérer avec beaucoup de précautions la photopile munie de ses deux fils de jonction.

Figure 1.17 Une lampe LED, une lampe solaire de jardin et le montage pour mesurer le courant ou la tension ; la photopile a été photographiée du côté des contacts.

Pour visualiser le courant, on peut utiliser un contrôleur ou une cellule d'« électrolyse », c'est-à-dire un petit récipient d'eau fortement salée. Le passage du courant entre deux « électrodes » métalliques plongées dans ce liquide et reliées aux bornes d'une pile se traduit par une « électrolyse », c'est-à-dire la décomposition de l'eau en dioxygène et dihydrogène. Ces deux gaz apparaissent sous forme de bulles à la surface des électrodes.
Pour visualiser la tension, on utilisera les lampes LED.

Si vous disposez d'un contrôleur (voltmètre-ampèremètre) vous pourrez mesurer directement les tensions et les courants.

1. Visualisation du courant

Plonger les deux fils de jonction de la photopile dénudés dans la cellule d'électrolyse : on doit voir des bulles se former sur les deux fils ; masquer et démasquer la surface de la photopile afin de mettre en évidence le rôle du Soleil.

2. Visualisation de la tension

Relier les deux fils de jonction à la lampe LED. Si le Soleil est suffisamment intense, elle va s'allumer ; masquer et démasquer la surface de la photopile pour voir l'influence du Soleil.

Avec un contrôleur, on peut mesurer successivement le courant et la tension fournis par une cellule quand sa surface est en plein Soleil et calculer la puissance maximale fournie : c'est le produit du courant par la tension.

Pour fabriquer un panneau solaire, on construit plusieurs lignes de cellules en série ; avec 10 cellules, on peut obtenir une tension de 25 volts. On associe ensuite plusieurs lignes en parallèle : avec 10 lignes, on peut obtenir 1 ampère.

b. Les photopiles ou piles photovoltaïques

Les panneaux solaires sont constitués d'un grand nombre de cellules photovoltaïques formées de plaques de matériaux semi-conducteurs comme le silicium ou le germanium dont la conductivité électrique est beaucoup plus faible que celle des métaux. La lumière du Soleil qui arrive sur une des faces du panneau possède une énergie suffisante pour arracher un électron d'un atome de silicium, créant au passage un manque d'électron ou « trou ». Généralement l'électron retrouve rapidement sa place, sauf si on parvient à forcer les électrons et les trous à se diriger chacun vers une face du matériau : la face où s'accumulent les trous sera chargée positivement, l'autre face négativement et il apparaîtra une différence de potentiel, c'est-à-dire une tension entre les deux faces, comme dans une pile électrique. C'est pour obtenir cette dissymétrie que, dans les cellules photovoltaïques, la face éclairée a une composition chimique légèrement différente de la face non éclairée.

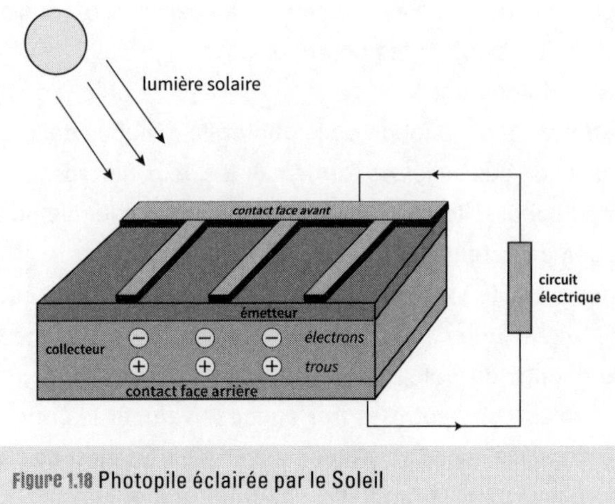

Figure 1.18 Photopile éclairée par le Soleil

Une photopile est donc l'équivalent d'un générateur de courant. Pour pouvoir se connecter à ce générateur, il faut ajouter des contacts électriques qui laissent passer la lumière sur la face éclairée (on utilise une grille). On ajoute également une couche anti-reflet pour assurer une bonne absorption de la lumière.

c. Les différentes sortes de cellules

Les photopiles sont constituées de matériaux monocristallins, polycristallins ou amorphes :

- un monocristal est une structure dans laquelle l'ensemble des atomes sont disposés géométriquement de façon régulière. Une cellule monocristalline a un rendement de 12 à 16 % ; la méthode de production est laborieuse, difficile, donc très chère car il faut une grande quantité d'énergie pour obtenir des cristaux très purs ;
- un matériau polycristallin est une association de monocristaux orientés dans toutes les directions. On peut voir sur la photo 1.18 ces différentes orientations. Les cellules polycristallines ont un rendement de 11 à 13 %, mais leur coût de production est moins élevé que les cellules monocristallines ;

Figure 1.19 Photopile polycristalline

– un matériau amorphe n'est pas vraiment ordonné. Les cellules amorphes ont un coût de production bien plus bas encore, mais leur rendement n'est que 8 à 10 %. Cette technologie permet cependant d'utiliser des couches très minces de silicium qu'on peut appliquer sur des vitres, du plastique souple ou du métal, par un procédé de vaporisation sous vide. C'est ce silicium qu'on trouve le plus souvent dans les petits produits de consommation comme les calculatrices et les montres, les lampes solaires de jardin, mais aussi plus récemment sur les grandes surfaces utilisées pour la couverture des toits. La photo 1.20 montre le parking d'un hypermarché de Montpellier.

Figure 1.20 Centrale solaire sur le parking d'un hypermarché de Montpellier.

d. Une maison photovoltaïque

Dans un lieu isolé, non raccordé au réseau public, le courant continu produit par les panneaux solaires est stocké dans des batteries et transformé en courant alternatif 50 Hz/220 V utilisable dans la maison. Il faut environ 20 m^2 de capteurs pour alimenter une maison de 150 m^2, le chauffage n'étant pas assuré.

Les avantages des modules photovoltaïques sont que l'énergie est renouvelable et que leur durée de vie est de 20 à 30 ans. L'installation et la maintenance sont faciles et l'autonomie de la maison est totale dans les zones les plus ensoleillées.

Il faut orienter les panneaux « plein sud » pour d'optimiser leur rendement, laver fréquemment les vitres et les changer si elles ne sont plus transparentes.

L'électricité photovoltaïque reste chère : le coût d'installation est élevé et amorti seulement à long terme.

Le panneau rigide sur les toits n'est plus la seule solution ; parmi les dernières innovations en cellules solaires, on a :

- des plaques souples, qui s'adaptent sur toute forme architecturale avec une parfaite intégration sur la façade ou le toit. Elles peuvent même être utilisées comme toile de store : enroulable, cette protection solaire intelligente est génératrice d'électricité ;
- des cellules colorées transparentes qui génèrent de l'énergie à partir de lumière diffuse à insérer sur les fenêtres.

e. Les centrales solaires photovoltaïques

Il faut utiliser 80 km^2 de panneaux solaires pour produire autant d'énergie qu'une centrale nucléaire de 1 000 MW. Les plus grandes centrales solaires photovoltaïques au monde sont actuellement (en 2011) à Sarnia au Canada (80 MW) et à Rovigo en Italie (72 MW). La centrale géante de Toul-Rosières d'une puissance de 143 MW sera mise en service fin 2012.

Chapitre 2

Le Soleil chauffe

ÉTENDU, le corps bien exposé au Soleil, un chapeau sur les yeux pour ne pas être ébloui... Tout d'un coup, sans avertissement, il fait presque frais, toute la douce chaleur qui inondait le corps a disparu. Inutile de regarder pour deviner qu'un nuage passe devant le Soleil et que, immédiatement, on perd la chaleur qu'il nous envoie avec sa lumière. La température de l'air n'a pas changé, mais celle que nous ressentons a brusquement baissé.

Le nuage passe, tout redevient tiède... jusqu'au prochain nuage.

Plan

1. Soleil, que fais-tu ? Une boule brûlante qui rayonne
2. Les infrarouges
3. Blanc et noir, chauffage solaire
4. Pourquoi fait-il plus chaud l'été que l'hiver ?
5. Effet de serre, avantages et inconvénients
6. Soyons écolos

1. Soleil, que fais-tu ? Une boule brûlante qui rayonne

Outre la lumière, le Soleil nous envoie de l'énergie sous d'autres formes, comme le rayonnement infrarouge, qui, lorsqu'il est absorbé par la matière, provoque en elle un échauffement. C'est ce rayonnement thermique et son interaction avec la matière que nous allons décrire dans ce chapitre.

a. Le rayonnement thermique

n°22

expérience

Prendre un objet en fer, par exemple un tournevis, et le chauffer dans la flamme d'un brûleur à gaz. Après quelques instants, l'extrémité chauffée apparaît rouge sombre, puis devient d'un rouge de plus en plus vif et peut atteindre une forte coloration orange.

Lorsqu'on chauffe un objet, celui-ci émet un rayonnement que nous percevons d'abord uniquement comme de la chaleur, puis, lorsque la température augmente, comme de la chaleur et de la lumière.

À la fin du XIXe siècle, on a proposé un modèle pour expliquer la relation qui existe entre la température T de l'objet et la nature du rayonnement émis : la photo n° II.1 du cahier couleur montre les couleurs du rayonnement électro-magnétique émis par une substance chauffée à une température T.

Le rayonnement présente un maximum d'intensité pour une longueur d'onde λ qui dépend de T et de la nature de la surface ; on prend en référence les surfaces noires qui produisent un maximun d'énergie : plus la température est élevée, plus la longueur d'onde de ce maximum est courte : par exemple, à 4 000 K, le maximum correspond à une couleur rouge sombre, à 6 000 K il est bleu-violet.

Un objet porté à 5 000 K (courbe bleue sur la photo) émet la majeure partie de son énergie dans le domaine de la lumière visible.

L'énergie totale transportée par le rayonnement augmente très rapidement avec la température du corps rayonnant : un objet chauffé à 2 000 K rayonne seize fois plus d'énergie qu'à 1 000 K.

Ce modèle, dit du « corps noir », permet de tracer une courbe théorique donnant la variation de l'intensité émise en fonction de la longueur d'onde, pour différentes températures. Ces courbes sont représentées sur le diagramme de la figure 2-1. Le résultat est que la couleur d'un objet lumineux dépend de sa température, plus il est chaud, plus sa couleur tend vers le bleu et plus elle est intense.

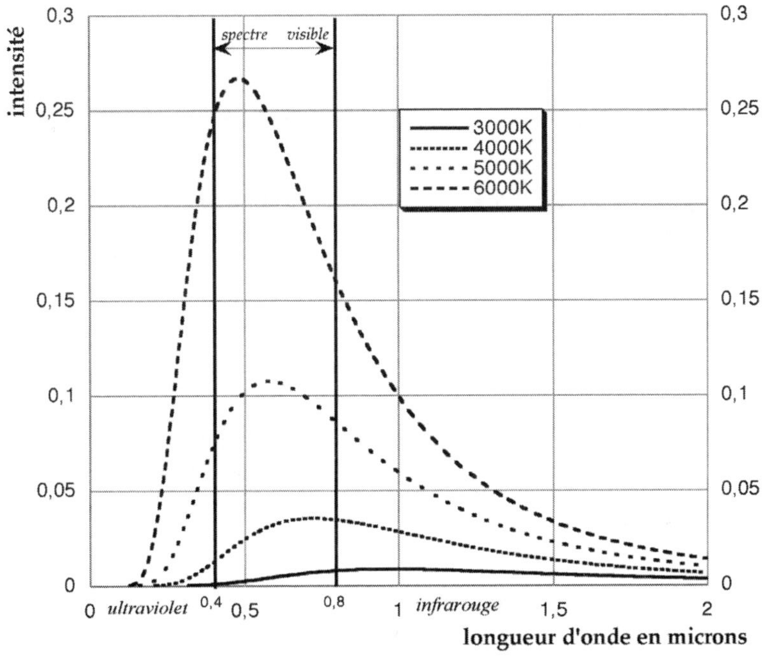

Figure 2.1 Courbes de variation de l'intensité émise par un corps noir en fonction de la longueur d'onde, pour différentes températures

b. Les couleurs des étoiles

Les noms des étoiles de la constellation d'Orion, visible le soir pendant l'hiver et au début du printemps, sont reportés sur la photo 2-2. Sur la photo n° II.2 du cahier couleur, on distingue clairement la couleur de deux étoiles particulièrement brillantes, l'une rougeâtre, « Bételgeuse », l'autre bleue, « Rigel ».

Les astronomes ont été en mesure de déterminer la température de surface de ces deux étoiles, 3 600 K pour Bételgeuse et 10 000 K pour Rigel.

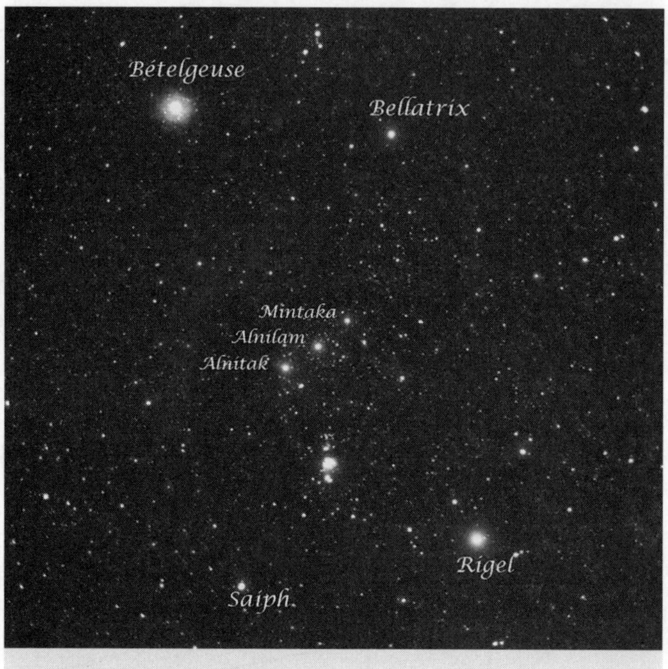

Figure 2.2 La constellation d'Orion

c. Puissance émise par le Soleil

La température de surface du Soleil est voisine de 6 000 K. Le Soleil émet de l'énergie sous forme de rayonnement qui se propage dans l'espace. Une partie de ce rayonnement atteint la Terre et la puissance, c'est-à-dire l'énergie reçue par seconde, par la Terre hors de l'atmosphère est en moyenne de 1 370 W/m^2.

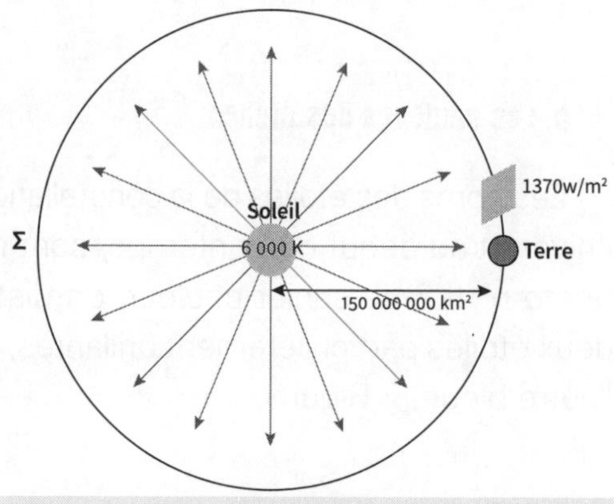

Figure 2.3 Le système Soleil-Terre

On va calculer la puissance totale E émise par le Soleil. On sait que la distance Terre-Soleil est d'environ 150 000 000 km ou $1{,}5.10^{11}$ m.

La surface Σ de la sphère de rayon r égal à la distance Terre-Soleil est donnée par la relation :

$$\Sigma = 4\,\pi\, r^2 = 4 \times 3{,}1416 \times (1{,}5.10^{11})^2 = 28{,}27.10^{22}\ m^2$$

La puissance totale émise par le Soleil est donc :

$$E = \Sigma \times 1370\ W/m^2 = 28{,}27.10^{22} \times 1370$$
$$= 3{,}876.10^{26}\ W = 3{,}876.10^{23}\ kW$$

question n° 3

Combien de centrales nucléaires de 1 300 MW chacune, faudrait-il pour fournir une telle puissance ?

2. Les infrarouges

a. Le rayonnement infrarouge

Ce nom signifie « en deçà du rouge ». La gamme de longueur d'onde du rayonnement infrarouge est comprise entre 0,78 et 1 000 μm ; elle est supérieure à celle de la lumière visible.

L'infrarouge est subdivisé en infrarouge proche (de 0,78 à 1,4 μm), infrarouge moyen (de 1,4 à 3 μm) et infrarouge lointain (de 3 à 1 000 μm).

Les infrarouges ont été découverts en 1800 par l'astronome anglais William Herschel, qui remarqua que, lorsqu'on déplace un thermomètre le long du spectre solaire, on observe un échauffement dans la partie rouge du spectre, qui se manifeste encore lorsqu'on place le thermomètre au-delà du rouge, là où il n'y a plus de lumière. C'était la première expérience montrant que la chaleur pouvait se transmettre par une forme invisible de lumière, le rayonnement infrarouge. Même à température ambiante, les objets émettent des radiations dans le domaine de l'infrarouge lointain entre 8 et 13 μm.

Sur la photo n° II.3 du cahier couleur, obtenue avec une caméra sensible à l'infrarouge lointain, on peut, à partir de leur couleur, connaître la température des différentes parties de la tête du chat.

Placé à la surface terrestre, un télescope observant des radiations proches de ce domaine serait donc aveuglé par le rayonnement thermique émis par les objets environnants ; on envoie donc les télescopes « infrarouge » dans l'espace. Ceux-ci nous ont révélé des objets célestes, étoiles, amas d'étoiles en formation qui nous sont cachés par des nuages de poussières opaques pour la lumière visible mais transparents dans l'infrarouge.

b. Les infrarouges dans la vie courante

Ils sont très utilisés :

- dans les radiateurs électriques où un filament chauffé par le passage d'un courant électrique devient rouge et rayonne de la chaleur ;
- dans les équipements de vision de nuit, où le seul rayonnement émis par les objets observés est de l'infrarouge. Ce rayonnement est détecté puis affiché sur un écran, les objets les plus chauds étant les plus lumineux ;
- dans le domaine de la thermographie, ils permettent de voir et de mesurer à distance et sans contact la température d'objets éloignés ;
- dans le domaine médical pour détecter des anomalies telles que des tumeurs dont la température est élevée.

La photo n° II.4 du cahier couleur montre les émissions thermiques de la façade d'une maison. Contrairement aux fenêtres où la couleur rouge indique une forte température à l'intérieur de la maison, la présence des mêmes taches rouges sur les murs révèle un échauffement anormal de la surface du mur et donc une insuffisance dans le système d'isolation.

Les infrarouges sont également utilisés dans de nombreux domaines : guidage des missiles, surveillance des locaux, télécommandes, contrôle d'authenticité de billets de banque, etc.

3. Blanc et noir, chauffage solaire

Les couleurs résultent de la diffusion de la lumière sur les objets : lorsqu'on voit un objet bleu, c'est parce qu'il ne diffuse que les rayons bleus de la lumière. Il en va de même pour toutes les couleurs, à l'exception du blanc et du noir.

Pour ce qui est du blanc, ce sont toutes les couleurs qui sont diffusées et qui constituent la lumière blanche.

Par contre le noir résulte de l'absorption de tous les rayons lumineux, aucun n'est renvoyé et tous sont transformés en chaleur. Le noir est par conséquent la couleur qui transforme le plus de lumière en chaleur.

a. Chauffage de l'eau dans la maison : chauffe-eau solaire

Pour faire chauffer de l'eau au Soleil, on a intérêt à utiliser une grande longueur de tuyaux noirs placés dans une boîte peinte en noir et recouverte de verre, installée par exemple sur le toit de la maison.

n°23

expérience

On fabrique un capteur avec un long tuyau en plastique noir (ou peint en noir), placé dans une boîte en polystyrène dont on peint en noir l'intérieur. On replie le tuyau plusieurs fois puis on relie une de ses extrémités à un robinet d'eau froide.

On place le capteur face au Soleil et on fait couler un mince filet d'eau.

Avec un thermomètre, on compare les températures de l'eau entrante et de l'eau sortante (voir figure 2.4).

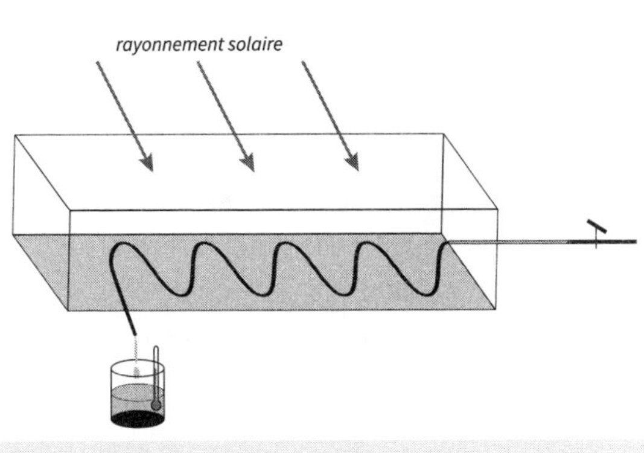

Figure 2.4 Chauffe-eau solaire

b. Mise hors gel de la maison

Pour mettre sa maison hors gel, on peut utiliser un capteur à circulation d'eau placé devant le mur sud de la maison et relié à un réservoir rempli d'eau et d'antigel, placé dans la maison du côté nord.

n°24

expérience

On raccorde les deux extrémités du capteur fabriqué précédemment à un réservoir à deux ouvertures (par exemple deux bouteilles plastique raccordées par leur fond). On met le capteur au Soleil et le réservoir dans un bac contenant de la glace à l'ombre. Attention à bien placer le bac à glace plus haut que le capteur pour que la circulation de l'eau puisse se faire et pour que la glace fonde (voir figure 2.5).

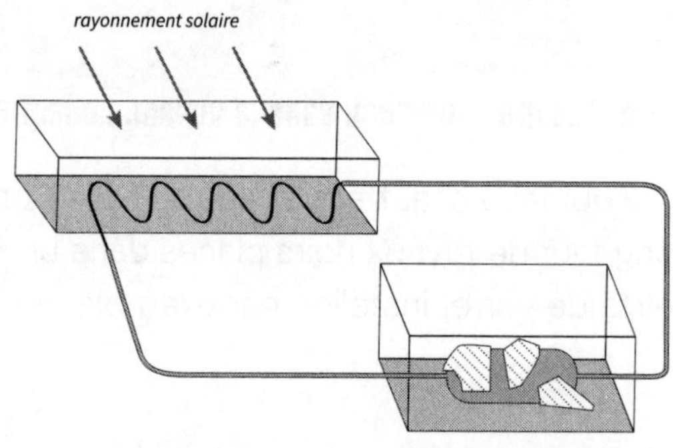

Figure 2.5 Mise hors gel de la maison

c. Un distillateur pour dessaler l'eau de mer

n°25

expérience

On construit un capteur comme indiqué sur la figure ci-dessous. On le remplit d'eau salée (35 g de sel par litre). Chauffée par le Soleil, l'eau s'évapore, la vapeur se condense sur la vitre et on récupère l'eau de condensation. Pourquoi n'est-elle plus salée (voir figure 2.6) ?

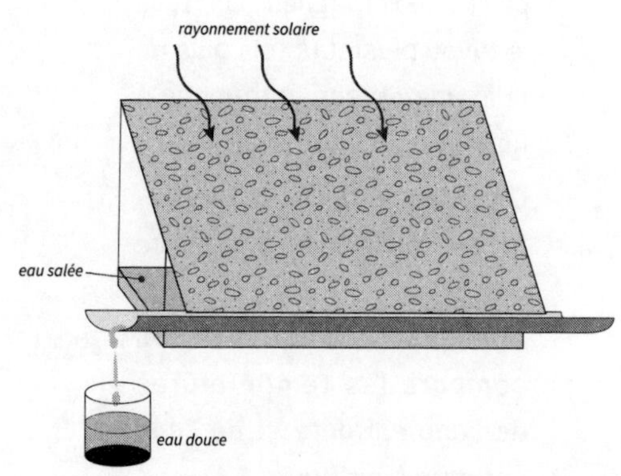

Figure 2.6 Un distillateur pour dessaler l'eau de mer

d. Chauffage de la maison : des capteurs sur le toit

Pour chauffer une maison bien isolée thermiquement, on peut placer un capteur rempli d'eau sur le toit, dans le jardin ou sur le balcon. Il faut environ un mètre carré de capteur pour trois mètres carrés de surface au sol à chauffer. Comme on a besoin de chauffer pendant l'hiver, il est préférable que l'inclinaison du capteur soit importante pour capter efficacement les rayons du Soleil quand il est bas sur l'horizon. L'eau chaude sort du capteur par l'extrémité supérieure.

e. Les centrales solaires thermiques

Ces centrales ont pour fonction de produire de l'électricité à partir de la chaleur du rayonnement solaire suivant un principe similaire à celui mis en œuvre dans les centrales thermiques conventionnelles. Dans les centrales à capteurs plans, cylindriques ou paraboliques et les centrales à tour, un fluide est chauffé par le Soleil dans le circuit primaire. Il chauffe à son tour l'eau d'une chaudière à vapeur qui, reliée à une turbine et à un alternateur, produit l'électricité. Les miroirs, orientables pour suivre le Soleil, requièrent un rayonnement solaire direct et régulier. La plus grande centrale solaire thermique au monde, Andasol 1, est située en Espagne près de Grenade. Sa puissance est de 50 MW. Les miroirs sont plans (centrale de Thémis), cylindriques (centrale de Kramer en Californie) ou paraboliques (centrale d'Almeria en Espagne). La photo n° II.5 du cahier couleur est un miroir solaire parabolique.

4. Pourquoi fait-il plus chaud l'été que l'hiver ?

a. La différence été-hiver

Comme nous le verrons au paragraphe 3.4, au cours de sa rotation autour du Soleil, la Terre se trouve au plus près de celui-ci (périhélie) en janvier et au plus loin (aphélie) en juillet. Ce n'est donc pas la distance entre la Terre et le Soleil qui détermine les saisons.

S'il fait plus chaud en été, c'est avant tout parce que les rayons qui nous arrivent du Soleil sont alors presque perpendiculaires à la surface de la Terre, donc la quantité d'énergie reçue est importante puisqu'elle est répartie sur une petite surface.

Comme le montre le dessin de la figure 2.7, le même faisceau de rayons solaires s'étale sur une surface beaucoup plus grande dans l'hémisphère hivernal (ici, hémisphère Sud) que dans l'hémisphère estival (hémisphère Nord), et cela quelle que soit la latitude. θ est l'angle que fait le faisceau lumineux avec la droite perpendiculaire à la surface terrestre.

S'il fait plus chaud en été, c'est aussi, comme on le verra au chapitre 3, parce que la durée de l'ensoleillement est beaucoup plus grande en été qu'en hiver. Cette différence été-hiver est d'autant plus marquée que la latitude est élevée ; elle n'existe pas à l'équateur.

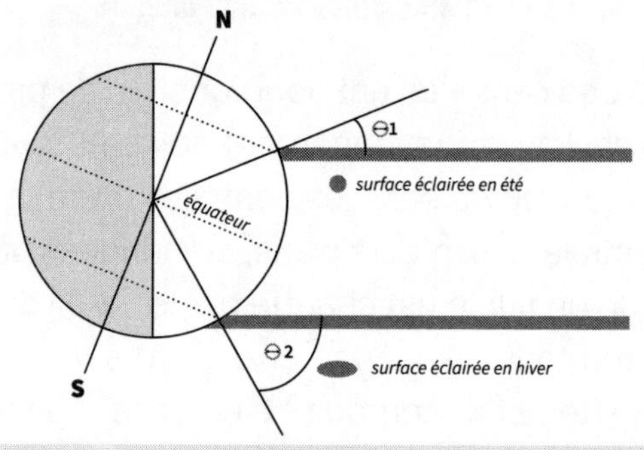

Figure 2.7 Pourquoi il fait plus chaud l'été que l'hiver

b. Ensoleillement moyen en un lieu donné

Nous verrons dans le prochain paragraphe que 30 % de l'énergie qui nous parvient du Soleil est réfléchie par l'atmosphère et donc seulement 70 % des 1 370 W/m^2 soit 960 W/m^2 pénètrent dans l'atmosphère.

Le tableau qui suit donne la valeur de l'ensoleillement à midi le jour de l'équinoxe à différentes latitudes, en prenant pour l'énergie reçue ϕ_o la valeur moyenne de 960 W/m^2. Lorsque le faisceau arrive sur une surface inclinée d'un angle θ compris entre 0° et 90°, la puissance reçue est égale à $\phi = \phi_o \cos \theta$.

	θ		ϕ en W/m²
Libreville	0°	Équateur	$960 \times \cos\theta = 960$
Assouan	21°	Tropique	$960 \times \cos\theta = 897$
Paris	49°	Région tempérée	$960 \times \cos\theta = 630$
Reykjavík	64°	Cercle polaire	$960 \times \cos\theta = 421$
Longyearbyen (Spitzberg)	78°	Grand Nord	$960 \times \cos\theta = 200$

c. Le Soleil contrôle le climat : le cycle de l'eau

La circulation de l'eau sur la terre constitue le principal facteur de régulation des échanges thermiques et de distribution de l'énergie reçue du Soleil sur l'ensemble de la surface terrestre.

Les grandes voies de circulation de l'eau sur Terre sont représentées sur le dessin de la figure 2.8.

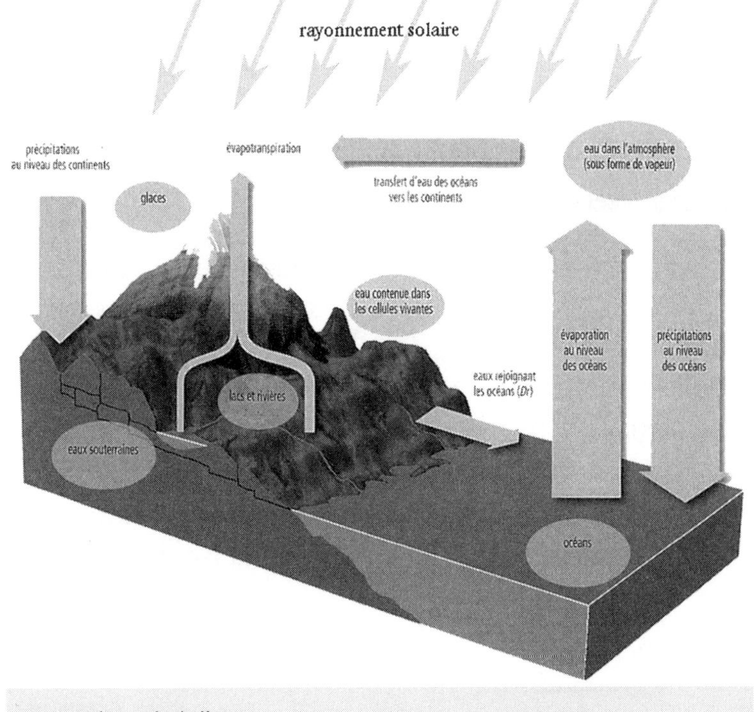

Figure 2.8 Le cycle de l'eau

Dans la biosphère, l'eau est présente sous ses trois états, solide (glace), liquide et gazeux (vapeur d'eau) et elle circule en permanence entre ces trois états. Or le passage d'un état à l'autre s'accompagne d'échanges très importants d'énergie thermique : pour transformer un litre d'eau liquide en vapeur, il faut lui fournir environ 2,5 millions de joules, soit l'énergie reçue du Soleil au zénith sur 1 m^2 en 45 minutes. La condensation de cette vapeur en eau liquide libère cette même quantité d'énergie.

Si l'évaporation s'est faite sous l'équateur et que la vapeur s'est déplacée depuis l'équateur jusqu'à une région de latitude élevée, sa condensation en pluie y libérera les mêmes 2,5 millions de joules, ce qui provoquera un échauffement local de l'atmosphère.

Si cette condensation se fait sous forme de neige, c'est-à-dire d'eau à l'état solide, l'énergie thermique libérée sera proche de 2,8 millions de joules.

Compte tenu des chiffres précédents, on comprend comment cette circulation de l'eau entre les océans, qui s'étendent sur les 4/5 de la surface de la Terre, et les continents où elle coule mais peut aussi rester stockée dans différents types de réservoirs (eaux souterraines, glaciers, banquises...), assure une redistribution extrêmement efficace de l'énergie solaire reçue.

5. Effet de serre, avantages et inconvénients

a. Mise en évidence de l'effet de serre

C'est un phénomène thermique qui se produit sur les planètes comme la Terre, Mars ou Vénus où l'atmosphère laisse passer la plus grande partie du rayonnement infrarouge de courte longueur d'onde émis par le Soleil, qui vient frapper le sol. Réchauffé, celui-ci réémet un rayonnement infrarouge de grande longueur d'onde, presque totalement absorbé par l'atmosphère, ce qui échauffe celle-ci.

Dans notre atmosphère, c'est principalement la présence de vapeur d'eau et de gaz carbonique (CO_2) qui isole la planète et provoque un réchauffement général de celle-ci.

Pour Vénus, c'est le CO_2 présent à 96,5 % qui est responsable de sa température de 400 °C.

Sur Mars, bien que l'atmosphère soit essentiellement composée de gaz carbonique, l'effet de serre est dix fois plus faible que sur Terre à cause de la très faible pression atmosphérique (6 millièmes de la pression terrestre) : la température au sol peut descendre à -143 °C en hiver aux pôles et peut avoisiner 0 °C en plein été aux basses latitudes.

Que se passe-t-il dans une serre : le verre est transparent pour certaines radiations mais opaque en particulier pour l'infrarouge lointain. Le rayonnement issu du Soleil traverse le verre, est absorbé par les objets situés dans la serre, ce qui augmente leur température. Ces corps émettent des rayonnements infrarouges, mais aux températures atteintes, l'énergie est émise principalement dans l'infrarouge lointain et reste donc piégée dans la serre puisqu'elle ne peut pas retraverser le verre. En outre le verre, qui n'est pas un bon conducteur thermique, garde la chaleur dans la serre comme dans la maison en hiver.

expérience n°26

Mise en évidence de l'effet de serre

On utilise deux cuves en polystyrène recouvertes chacune d'une plaque de verre ; on couvre le fond de l'une d'un miroir et celui de l'autre d'une feuille de papier noir. On les expose toutes deux au Soleil et on mesure, à l'aide de deux thermomètres à alcool, l'évolution de la température dans chacune.
On constate que la cuve avec miroir s'échauffe moins que l'autre.

Quand le rayonnement qui a traversé le verre se réfléchit sur le miroir, il ne change pas de nature : il ressort donc intégralement à travers le verre et il n'y a que peu d'échauffement ; mais quand le fond de la cuve est recouvert d'un tissu ou d'un papier noir, celui-ci absorbe le rayonnement infrarouge incident et réémet l'énergie dans une gamme de longueur d'onde qui ne peut plus traverser le verre : celui-ci s'échauffe et transmet sa chaleur à l'air contenu dans la serre.

expérience n°27

La cuisson d'un œuf au Soleil

Dans une cuve en bois peinte intérieurement en noir et recouverte d'une plaque de verre, on place un œuf et on attend que la température ait atteint son maximum. On peut vérifier que l'œuf est cuit (mollet) en le faisant tourner sur lui-même (comparer avec un œuf cru).

b. Les mécanismes de l'effet de serre

Afin d'en simplifier la description, nous allons décomposer l'ensemble du phénomène de l'effet de serre en trois étapes distinctes, chacune accompagnée d'un schéma propre.

Première étape

Le rayonnement solaire, toutes fréquences confondues, qui atteint l'atmosphère terrestre est partiellement réfléchi par les nuages puis par les zones réfléchissantes de la surface terrestre (zones neigeuses et glacées) mais il n'est pratiquement pas absorbé par l'atmosphère (à l'exception des UV-C par la couche d'ozone troposphérique, voir paragraphe 4.2-b). Les 70 % du rayonnement initial qui atteignent la surface terrestre y sont absorbés, ce qui l'échauffe en conséquence.

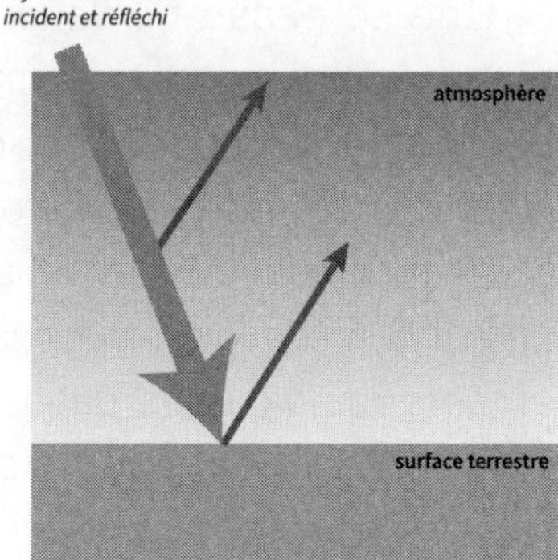

Figure 2.9a Première étape

Deuxième étape

La surface terrestre ainsi chauffée devient un émetteur de rayonnement électromagnétique, mais à des fréquences très inférieures aux fréquences incidentes, essentiellement dans l'infrarouge dit lointain (paragraphe 2.2-a). Ce rayonnement thermique ainsi réémis remonte à travers l'atmosphère.

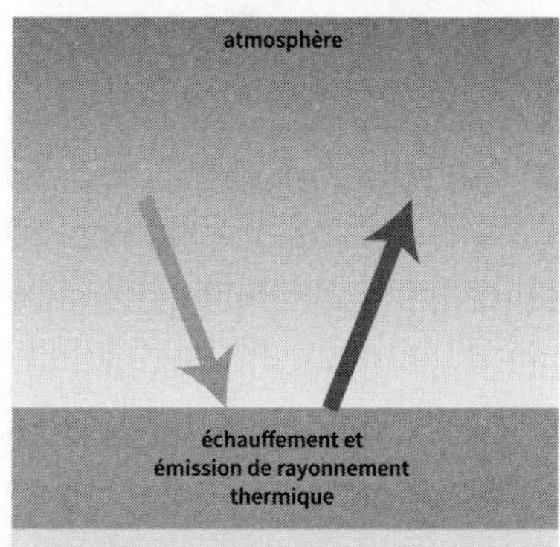

Figure 2.9b Deuxième étape

Troisième étape

L'atmosphère contient des « gaz à effet de serre » (GES) comme le dioxyde de carbone, la vapeur d'eau, le méthane, le protoxyde d'azote. Le rayonnement infrarouge lointain est alors absorbé par ces gaz, ce qui échauffe l'atmosphère. La chaleur solaire est donc « emprisonnée » dans l'atmosphère et cet échauffement se transmet à la terre elle-même.

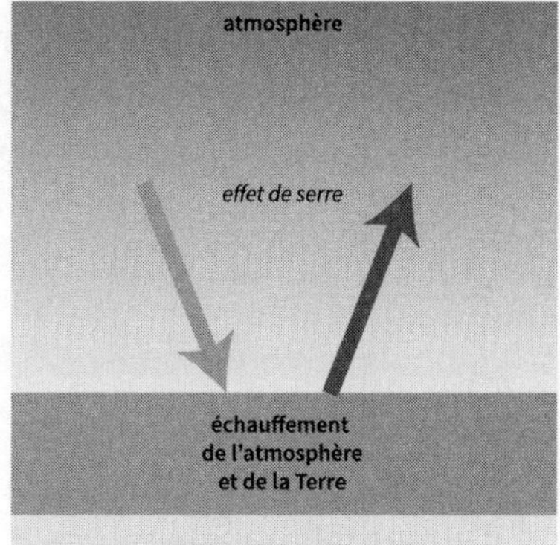

Figure 2.9c Troisième étape

c. Avantages de l'effet de serre

Si cet effet de serre disparaissait soudainement, la température moyenne sur la terre descendrait assez rapidement à -18 °C et peu d'eau demeurerait sous forme liquide : la glace s'étendant sur le globe, « l'albédo » terrestre (rapport des énergies réfléchie et incidente) augmenterait et la température se stabiliserait vraisemblablement aux environs de -100 °C. L'effet de serre permet à notre planète d'avoir une température moyenne de 15 °C.

Les contributions des différents GES sont les suivantes : vapeur d'eau (60 %), dioxyde de carbone CO_2 (26 %), ozone O_3 (8 %), méthane CH_4 et protoxyde d'azote N_2O (6 %).

d. Inconvénients de l'effet de serre

Dire que ces gaz sont « naturels » ne signifie bien évidemment pas que l'homme n'a pas d'influence sur leur émission ou sur leur concentration. Certains d'entre eux sont même uniquement dus à l'activité humaine ; d'autres voient leur concentration dans l'atmosphère augmenter en raison de cette activité. C'est le cas en particulier du dioxyde de carbone CO_2, de l'ozone O_3 et du méthane CH_4.

Depuis le début de l'ère industrielle, l'homme a rejeté dans l'atmosphère des gaz qui augmentent artificiellement l'effet de serre, ce qui a contribué à l'augmentation de la température moyenne de notre planète d'environ 0,5 °C observée dans la seconde moitié du XXe siècle. Parmi les nombreuses sources de gaz à effet de serre, on peut citer :

- l'utilisation de combustibles fossiles : charbon, gaz naturel, pétrole ;
- la déforestation ;
- les rejets de méthane : naturels (ruminants, termites) et non naturels (les surfaces inondées : estuaires, marais, rizières) ;
- l'ozone est fourni en grande quantité par l'activité industrielle et s'accumule dans la troposphère (8 à 15 km d'altitude) au-dessus des régions industrielles.

e. Conséquences de l'effet de serre

- augmentation de la température moyenne de la surface du globe ;
- élévation du niveau des mers d'une part par la dilatation de l'eau, d'autre part par la fonte des glaces (glaciers) : c'est une catastrophe en particulier pour tous les pays comme le Bangladesh où l'essentiel de la population vit dans des zones basses proches de la mer ;
- risques de disette alimentaire, voir de famine ;
- augmentation prévisible de la fréquence et de la durée des grandes crues et des grandes sécheresses ;
- modification des courants marins : un ralentissement du « Gulf Stream » au nord de l'océan Atlantique aurait pour conséquence une forte diminution de la température moyenne en Europe occidentale alors que le niveau de cette température aurait tendance à s'élever sur le reste du globe.

6. Soyons écolos

a. Le chauffage de la maison

Nous avons détaillé quelques possibilités de chauffe-eau solaire au chapitre 2.3. Ce chauffage sera d'autant plus efficace que la maison sera bien isolée thermiquement.

b. L'électricité de la maison

On a vu au chapitre 1.9. comment les photopiles solaires pouvaient être utilisées comme source efficace d'électricité, permettant ainsi de satisfaire les besoins domestiques sans avoir recours aux sources distribuées par des réseaux, dont certaines sont fortement génératrices de gaz à effet de serre.

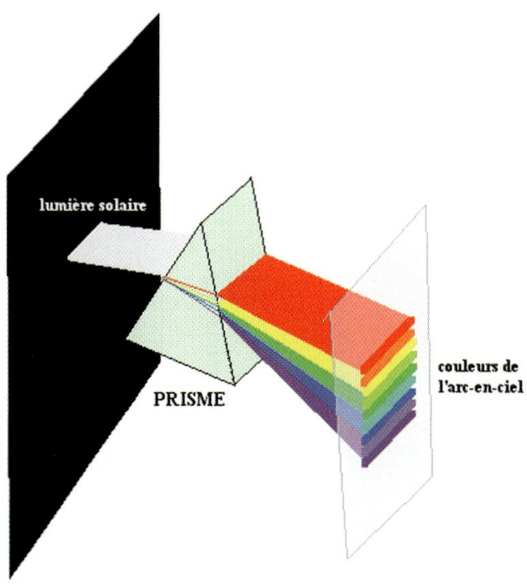

I.1 Décomposition de la lumière avec un prisme

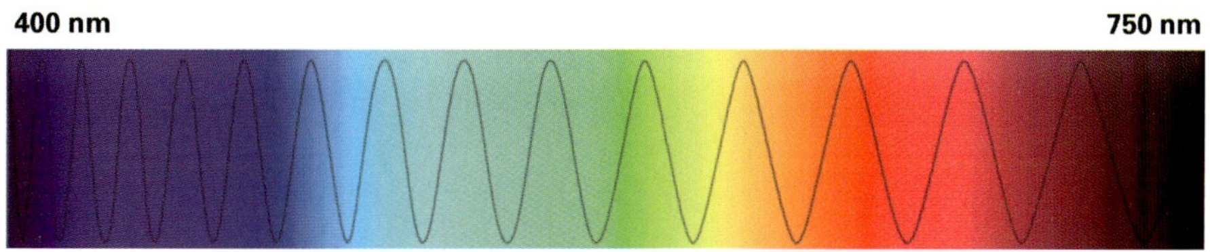

I.2 Spectre de la lumière

I.3 Synthèse additive des couleurs

I.4 Synthèse soustractive des couleurs

I.5 Ciel bleu

I.6 Le Soleil éclaire le verre d'eau additionné de lait : lumière bleue diffusée

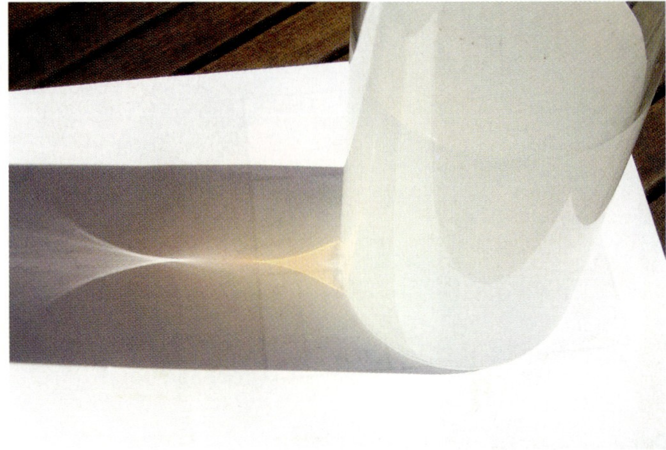

I.7 La lumière qui ressort de l'autre côté du verre est rougeâtre

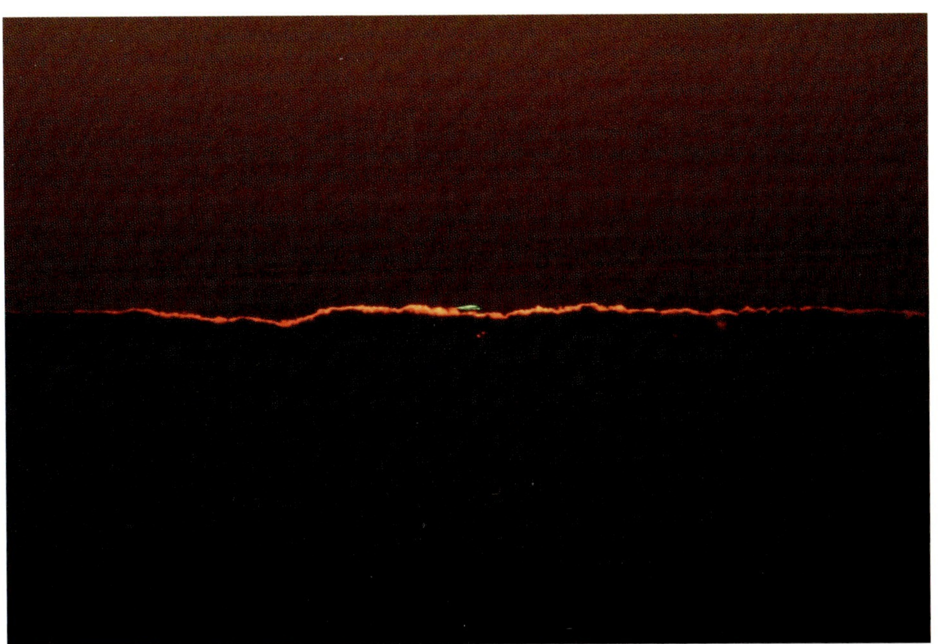

I.8 Rayon vert photographié le 15 octobre 2005 depuis l'observatoire Paranal de La Silla au Chili situé à 2 400 m d'altitude dans le désert d'Atacama. La ligne rouge représente une couche de nuages bas éclairés par dessus par le Soleil couchant

I.9 Arc-en-ciel

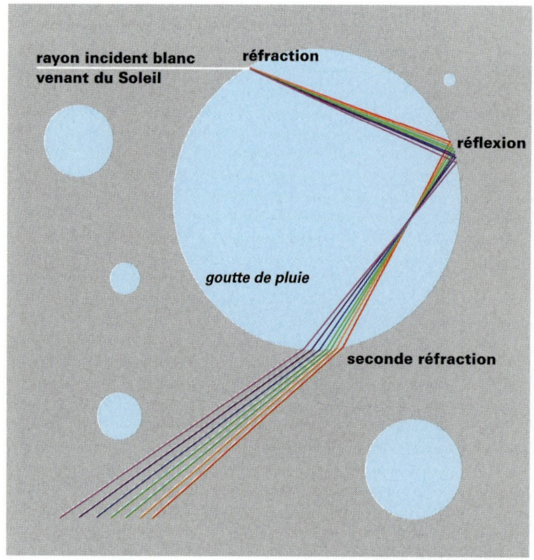

I.10 Réfraction par une goutte de pluie

I.11 Arc en ciel dans le jet d'eau

I.12 Observée par transparence la solution de chlorophylle est verte ; placée derrière une lampe puissante elle est rouge

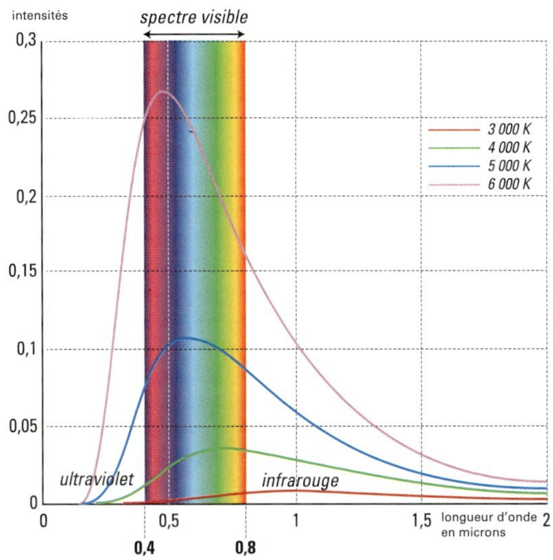

II.1 Le rayonnement électro-magnétique émis par une substance chauffée à une température T

II.2 La constellation d'Orion

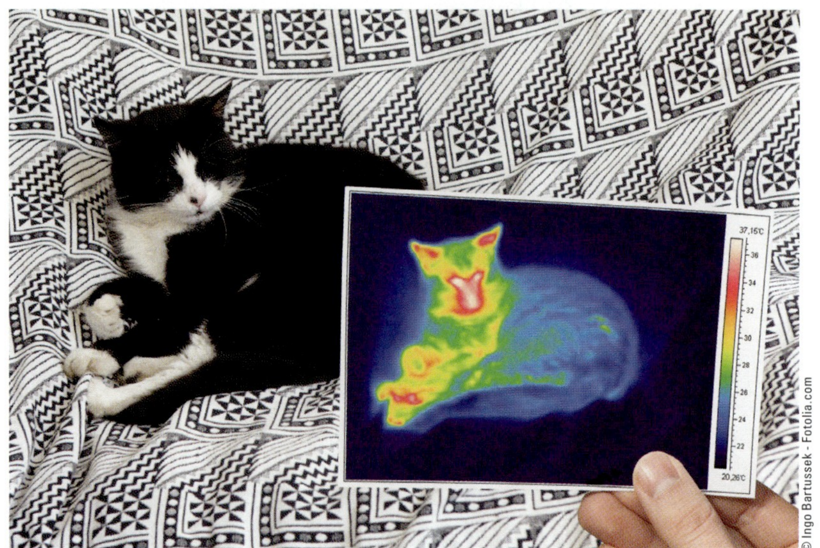

II.3 La couleur donne la température

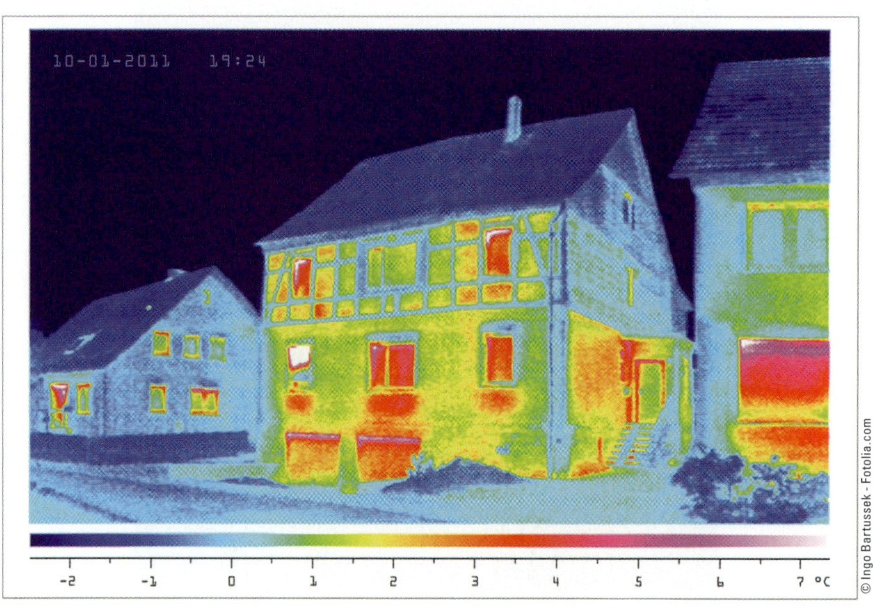

II.4 Pertes thermiques

II.5 Un four solaire

III.1 Cadran solaire équatorial de Pékin

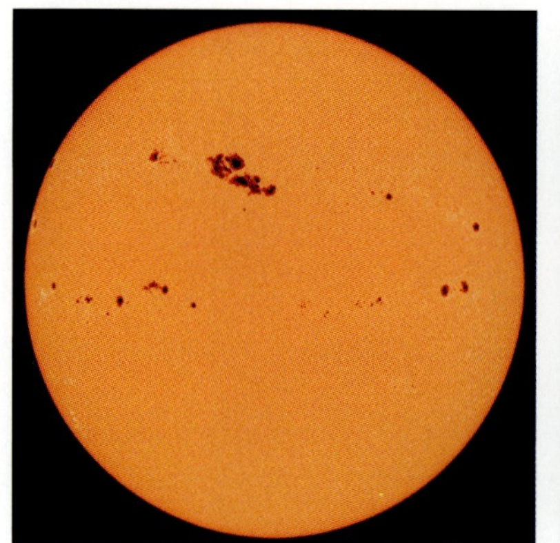
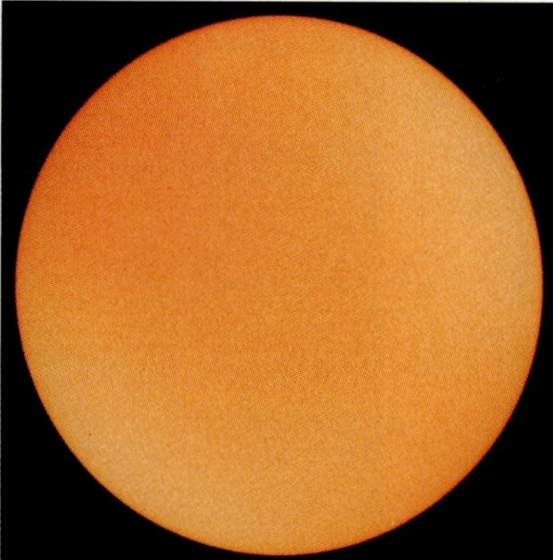

IV-1 Le Soleil observé en 2001 et en 2008

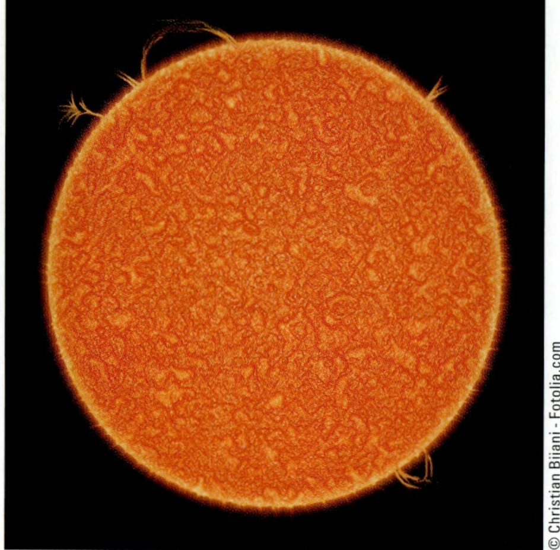

IV.2 Protubérance en forme d'arche

IV.3 Aurore boréale

c. Renouveler l'air du salon sans perdre de chaleur

En hiver, le renouvellement de l'air d'une pièce de la maison se fait en général en ouvrant une fenêtre, ce qui a pour effet de remplacer un air vicié chaud par un air pur froid.

L'expérience proposée ici a pour but de montrer comment on peut renouveler l'air d'une pièce en transférant la chaleur de l'air rejeté vers l'air entrant.

n°28

expérience

Un sèche-cheveux est installé dans une boîte étanche et isotherme.

On fixe hermétiquement à la sortie d'air chaud un tube métallique (cuivre) d'environ 1 m, gainé d'un tube plastique de diamètre double. Cet ensemble de tubes emboîtés sort de la boîte par une ouverture exactement calibrée pour éviter toute fuite d'air.

Lorsque le sèche-cheveux fonctionne, il émet de l'air chaud qui sort de la boîte par le tube métallique. L'air froid rentrant circule en sens inverse dans la gaine entourant le tube métallique et s'échauffe ainsi aux dépens de l'air chaud sortant.

On place une sonde thermique à l'intérieur de la boîte pour mesurer l'échauffement. Cette méthode d'échange thermique entre l'air sortant et l'air rentrant est en train de se mettre en place dans la construction de nouvelles maisons écologiques.

d. La cuisine avec le Soleil

• en utilisant l'effet de serre :

On recouvre d'une vitre une boîte en bois peinte en noir à l'intérieur et la plus hermétique possible. On peut y cuire doucement les aliments en préservant leurs qualités nutritionnelles.

• en utilisant directement la chaleur du soleil :

On concentre ses rayons grâce à un miroir parabolique (réflecteur d'un phare de voiture) sur un récipient noir mat qui contient les aliments à cuire.

Chapitre 3

Le Soleil mesure le temps

L'HOMME a besoin d'avoir des repères pour ponctuer l'écoulement du temps. Depuis quelques siècles, les progrès technologiques ont permis de mettre à sa disposition des instruments de plus en plus précis et fiables, depuis les clepsydres et les sabliers jusqu'aux horloges atomiques. En réalité, ce besoin de ponctuer l'écoulement du temps est très ancien et concerne non seulement l'homme, mais aussi une grande partie du règne animal et végétal. Heureusement, des outils d'accès facile ont toujours existé : les alternances des jours et des nuits, des pleines et des nouvelles lunes, des hivers et des étés sont ces horloges naturelles.

C'est de l'origine astronomique de ces différentes horloges qu'il va être question dans ce chapitre.

Plan

1. Un peu d'astronomie : les mouvements de la Terre, de la Lune et du Soleil
2. Le temps des heures : la course diurne
3. Le temps des mois : le cycle lunaire
4. Le temps de l'année : la course des saisons
5. Les éclipses de Soleil et le temps du « saros »
6. Savoir où l'on est
7. Les cadrans solaires, les méridiennes et l'équation horaire
8. Toutes sortes de calendriers

1. Un peu d'astronomie : les mouvements de la Terre, de la Lune et du Soleil

Les abréviations que nous allons utiliser par la suite sont les suivantes : heure = h ; minute = min ; seconde = s ; mètre = m ; kilomètre = km

La Terre tourne autour du Soleil selon une trajectoire presque circulaire d'environ 150 millions de km de rayon qu'elle parcourt en un peu plus de 365 jours (très exactement 365 j, 5 h, 48 min et 45 s, à une vitesse voisine de 30 km/s). En réalité la trajectoire est une ellipse dont le grand axe est 4 % plus grand que le petit. La Terre tourne également sur elle-même autour d'un axe qui la traverse du pôle Nord au pôle Sud : elle fait un tour complet en 23 h 56 min 4 s.

La Lune accomplit un tour complet autour de la Terre en 27 j 7 h 43 mn et 11,5 s, à une distance moyenne de celle-ci de 384 400 km (distance maximum : 405 696 km, distance minimum 363 104 km) ; mais il lui faut 29 j, 12 h, 44 min et 2,8 s en moyenne pour revenir dans la même position par rapport au couple Terre-Soleil parce que la position de la Terre par rapport au Soleil a évolué pendant ce temps, ce que nous verrons en détail au sous-chapitre 3.3. La Lune parcourt son orbite à une vitesse voisine de 1 kilomètre par seconde. On parlera plus tard de sa rotation sur elle-même.

Et le Soleil ? Tourne-t-il ? — Oui, c'est une grosse sphère qui tourne sur elle-même autour d'un axe dont la direction est fixe dans l'espace. Comme ce n'est pas une masse solide mais une boule fluide, sa rotation n'est pas uniforme et un point situé à son équateur fait un tour complet en 25 jours alors qu'un point voisin du pôle le fait en 36 jours. En outre, le système solaire, c'est-à-dire l'ensemble du Soleil et de tous les objets, planètes, astéroïdes, météorites, comètes et autres qui tournent autour de lui, tourne autour du centre de notre galaxie, la Voie lactée, à la vitesse de 220 km/s, et il lui faut environ 220 millions d'années pour en faire un tour complet.

Avant d'entrer dans une description détaillée de ces mouvements, nous allons donner les valeurs, issues des mesures les plus récentes, des paramètres qui les décrivent. L'ensemble des données numériques précises des trois astres et de leurs mouvements est regroupé dans un tableau donné en annexe. Ce tableau un peu austère contient beaucoup d'informations dont la signification n'est pas évidente. Nous allons essayer de leur donner un sens par rapport aux observations que nous faisons pratiquement chaque jour en regardant comment le Soleil se lève et se couche, se déplace dans le ciel, nous éclaire et comment la Lune traverse le ciel tantôt de jour, tantôt de nuit.

En utilisant la définition donnée au chapitre 1, de l'angle sous lequel on voit un objet, cherchons comment nous voyons la Lune et le Soleil depuis la Terre.

question n°4

1. En utilisant les valeurs numériques données en annexe, calculer sous quel angle nous voyons le Soleil.
2. Sous quel angle voit-on la Lune ?
3. À quelle distance doit-on se mettre d'une balle de tennis de 6,5 cm de diamètre pour la voir exactement sous le même angle que le Soleil ?

question n°5

La photo ci-dessous représente une éclipse totale de Soleil. En utilisant les réponses aux questions 1 et 2 précédentes, peut-on expliquer pourquoi, lors d'une éclipse, la Lune cache à peu près le Soleil, comme on l'observe sur la photo ?

Figure 3.1 Éclipse totale de Soleil 11/7/2010, île de Pâques

2. Le temps des heures : la course diurne

a. La course diurne du Soleil

En toute saison et presque partout sur Terre, le Soleil se lève chaque jour à l'est et se couche chaque jour à l'ouest. Du lever au coucher, il décrit à vitesse constante dans le ciel une courbe qui nous apparaît comme un arc de cercle. On peut utiliser la hauteur du Soleil dans le ciel et sa direction par rapport à nos repères locaux, pour estimer sans trop d'erreur à quel moment du jour nous sommes. On entend par repères locaux les axes nord-sud et est-ouest, situés tous deux dans le plan horizontal, plus l'axe vertical de l'endroit où nous nous trouvons. Ces trois directions sont caractéristiques d'un endroit donné, mais différentes d'un lieu à un autre car la Terre est sphérique.

Pour matérialiser la course du Soleil dans le ciel, nous allons faire une expérience qui nous permettra de suivre son trajet tout au long du jour.

n°29

expérience

On plante un bâton bien droit de 1 mètre environ verticalement dans le sol et on pointe à chaque heure de la journée la position sur le sol de l'extrémité de l'ombre du bâton. En joignant tous les points ainsi dessinés, on constate que cette ombre décrit au sol une courbe dont le point le plus proche du bâton a été tracé vers midi.

Nous verrons bientôt que ce midi n'est pas exactement celui de notre montre, mais qu'en fait il définit un midi solaire, spécifique de l'endroit où se trouve le bâton.

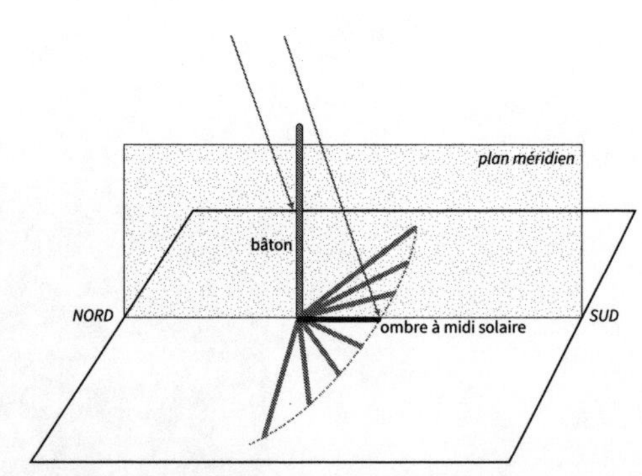

Figure 3.2 Le midi solaire

Deux personnes situées en deux points éloignés l'un de l'autre, qui ont donc des repères locaux différents, ne verront pas, au même instant, le Soleil au même endroit du ciel et donc l'ombre du bâton sera différente. Lorsqu'il est midi à Paris, avec un Soleil haut dans le ciel, il est 6 heures du matin à New York et le Soleil est donc en train de se lever alors qu'il est 6 heures du soir à Bombay et que le Soleil se couche. L'observation du Soleil à un instant donné dépend donc de la position sur Terre de celui qui l'observe, et nous allons voir quels outils les hommes ont fabriqués pour repérer et définir cette position.

b. Plan méridien d'un lieu

On appelle plan méridien d'un lieu le plan vertical passant par ce lieu et l'axe des pôles terrestres. Pour déterminer localement ce plan, il suffit de prendre une boussole : le plan méridien est le plan vertical passant par l'aiguille de la boussole. Chaque jour, le Soleil traverse ce plan méridien à midi solaire, et il est alors au point le plus haut de sa course et nous avons vu qu'à cet instant l'ombre du bâton planté dans le sol était la plus courte de la journée.

L'invention très ancienne des cadrans solaires, dont nous parlerons longuement plus loin dans ce chapitre, est née du désir de rendre cette course diurne du Soleil facile à suivre et de l'utiliser pour établir des repères précis de l'écoulement du temps.

c. Les repères terrestres, latitude et longitude

Pour repérer la position d'un point sur la surface terrestre, on utilise un système de coordonnées lié à la forme sphérique de notre globe, fondé sur l'existence d'un axe de référence, la ligne des pôles qui va du pôle Nord au pôle Sud, et d'un plan de référence, le plan de l'équateur, qui est perpendiculaire à l'axe des pôles et passe par le centre de la Terre.

Pour repérer un point à la surface du globe, il est nécessaire de connaître deux angles :

- l'angle que fait la droite joignant le centre de la Terre à ce point avec le plan de l'équateur, qu'on appelle la latitude (figure 3.3-a) ;

- l'angle que fait le plan passant par l'axe des pôles et ce point avec un plan de référence, le méridien d'origine, qu'on appelle la longitude (figure 3.3.-b). La latitude, qui donne la position angulaire d'un lieu par rapport à l'équateur, se mesure en degrés, minutes et secondes ; la latitude des pôles Nord et Sud est de 90°, celle de l'équateur vaut 0°.

Au nord de l'équateur, dans l'hémisphère Nord, les latitudes sont repérées par la lettre N, dans l'hémisphère Sud par la lettre S.

Exemples

New York, 40°51′ N, Santiago du Chili, 33°27′ S.

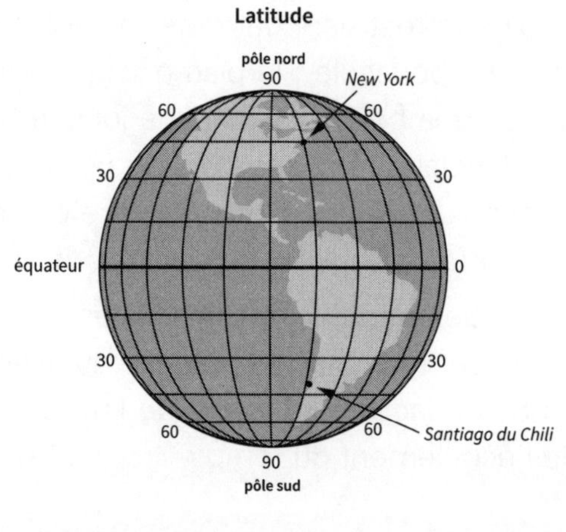

Figure 3.3a La latitude

La longitude donne la position d'un lieu par rapport au méridien d'origine. Le choix de ce méridien a longtemps été disputé entre les Français et les Anglais, entre le méridien de Paris et celui de Greenwich, lequel a fini par s'imposer et constitue maintenant la référence mondialement utilisée.

Les longitudes sont comprises entre 0° et 180° et sont notées W (west) à l'ouest du méridien 0 et E (east) à l'est de ce méridien.

Exemples

Dakar, 17°26′ W, Istanbul, 28°58′ E.

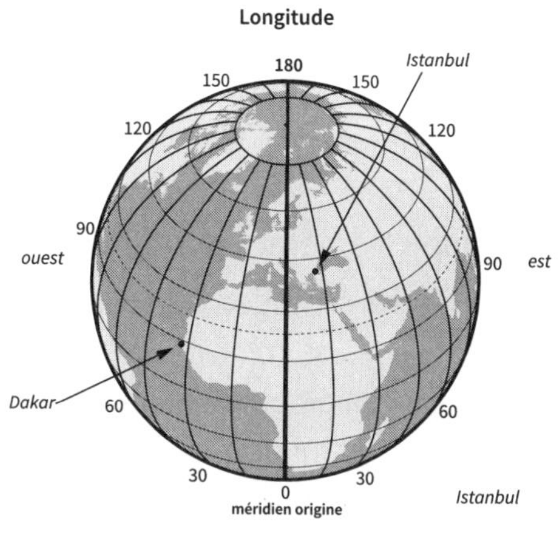

Figure 3.3b La longitude

d. Heure et longitude

La rotation diurne de la Terre sur elle-même fait que deux lieux situés à des longitudes différentes ne voient pas le Soleil passer au méridien au même instant, contrairement à tous les lieux situés sur le même méridien ; il n'est donc pas midi solaire au même moment dans ces deux lieux. Pendant longtemps, chacun a vécu à l'heure de son méridien, mais, à partir du XIXe siècle, les hommes se sont déplacés de plus en plus vite et de plus en plus loin. Les changements d'heures constants que cela entraînait n'étaient pas faciles à gérer et il est devenu nécessaire de découper la Terre en tranches, ou *fuseaux horaires*, par des plans passant par les pôles et faisant entre eux un angle de 15°. Chaque tranche correspond à 1 heure, les 360° du tour complet de la Terre se faisant en 24 heures.

Pour tous les lieux situés dans le même fuseau horaire, on règle les horloges sur la même heure, qui est celle du méridien situé au centre du fuseau. On se décale d'une heure quand on passe d'un fuseau au fuseau voisin, une heure de plus lorsqu'on va vers l'est et une heure de moins vers l'ouest.

e. Méridien de Greenwich

La France a adopté, le 10 mars 1911, l'heure du méridien de Greenwich situé à 2° 20′ 14,025″ à l'est du méridien de Paris.

Ce méridien origine de longitude 0° passe par l'observatoire royal de Greenwich, ville du Royaume-Uni située dans la banlieue de Londres, sur la rive sud de la Tamise. Avec le méridien 180° qui lui est directement opposé, ce méridien zéro définit les hémisphères Est et Ouest, tout comme l'équateur découpe les hémisphères Nord et Sud.

Le découpage de la Terre en fuseaux horaires se fait à partir du méridien de Greenwich, mais il ne coïncide que très rarement avec les frontières des différents pays du globe, et le découpage horaire terrestre ne suit qu'approximativement celui des fuseaux horaires. Par exemple, en Europe, tous les pays situés entre l'Espagne et la Pologne vivent à la même heure alors qu'ils s'étendent sur trois fuseaux horaires.

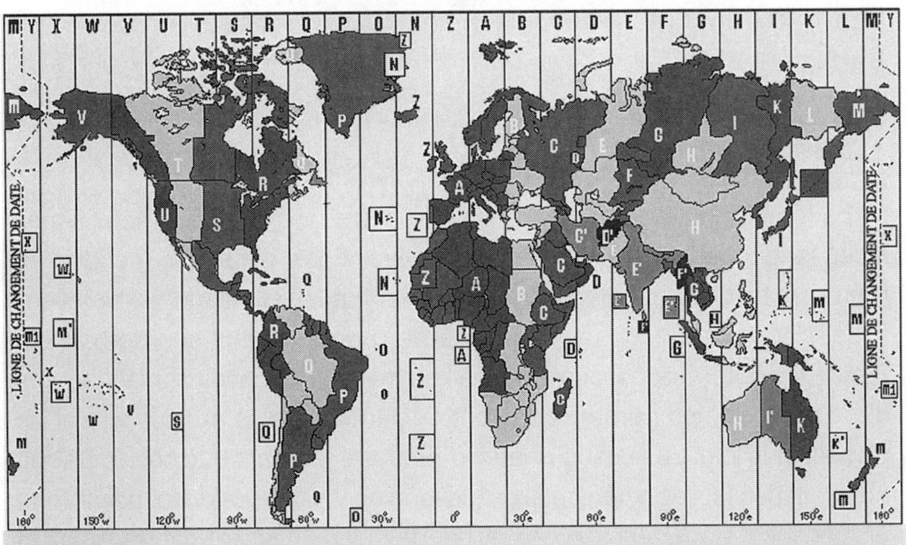

Figure 3.4 Les fuseaux horaires

Sur cette mappemonde, les fuseaux horaires sont repérés par des lettres et chaque pays porte la lettre du fuseau horaire auquel il se réfère.

On a fixé une heure d'origine, dite **GMT** (Greenwich Mean Time) devenue en 1982 heure **UTC** (Universal Time Coordinated ou Temps Universel), comptée dès lors à partir de minuit et non plus midi. Sur le méridien 180°, dans le Pacifique, on est à la fois au début et à la fin du jour. Sur l'île Taveuni aux Fidji, par exemple, on peut lire : « Ici, à gauche de cette ligne, vous êtes **hier** et à droite de la ligne, vous êtes **demain**. »

f. Heure solaire vraie, heure solaire moyenne, heure universelle, heure légale

L'heure indiquée par un cadran solaire est *l'heure solaire vraie* ; elle est locale, alors qu'une montre donne *l'heure légale* (définie en 1891), basée sur le méridien de Greenwich.

Trois corrections sont nécessaires pour passer de l'heure du cadran à l'heure de la montre.

1. La correction d'équation du temps : elle sera expliquée dans la section consacrée aux cadrans solaires.

   On passe du temps solaire vrai au temps solaire moyen.

2. La correction de longitude : un déplacement d'un degré de longitude correspond à un décalage en temps de 4 minutes.

Exemples

Chamonix (74) situé à la longitude 6° 52′ 11″ E se trouve à l'est du méridien de Greenwich. En se souvenant que 15° correspondent à une heure, on enlève 27 mn 50 s à l'heure solaire moyenne.

Saumur (49) se trouve à 0° 05′ à l'ouest du méridien zéro (de Greenwich) : les 4 secondes de décalage ne sont pas mesurables, il n'y a pas de correction de longitude sur l'heure solaire moyenne.

On passe du temps solaire moyen au temps universel.

3. La correction administrative « Été-hiver » : il faut ajouter deux heures en été ou une en hiver à l'heure universelle. Cette correction n'est pas appliquée de la même façon dans tous les pays.

   On passe du temps universel à l'heure légale.

3. Le temps des mois : le cycle lunaire

a. D'une lune à la suivante

Il existe des nuits où la Lune apparaît dans toute son étendue : c'est une grosse plaque parfaitement ronde et brillante couverte de dessins, de petits cercles et de zones un peu grises, et chacun sait qu'il s'agit alors de la « pleine Lune ».

Cela ne dure pas, et, dès la nuit suivante, le cercle est moins parfait, un peu entamé d'un côté. Cette entame s'accentue de nuit en nuit, en même temps que la Lune se décale dans le ciel : elle n'est plus située au voisinage des mêmes étoiles.

Alors que, la nuit de la pleine Lune, le lever de la Lune avait à peu près coïncidé avec le coucher du Soleil, il devient ensuite de plus en plus tardif en se décalant de presque une heure chaque jour.

Figure 3.5 Les différents aspects de la Lune au cours d'un mois lunaire

Une semaine après la pleine Lune, il ne reste plus qu'une moitié de Lune visible de jour comme de nuit : c'est le dernier quartier ; c'est le matin, au lever du Soleil, qu'elle culmine dans le ciel.

Encore une semaine, et la Lune est devenue invisible car elle se situe dans le ciel au voisinage du Soleil et nous présente donc une face non éclairée. C'est la « nouvelle Lune ».

Quelques jours plus tard, un mince croissant est visible le soir au coucher du Soleil ; il grossit de nuit en nuit tout en s'éloignant du Soleil jusqu'à redevenir d'abord le premier quartier, puis environ 14 jours après la nouvelle Lune, la pleine Lune.

b. La Lune tourne, et pourtant...

La Lune tourne sur elle-même autour d'un axe perpendiculaire au plan de sa trajectoire autour de la Terre, avec une période de 27,3 jours, et nous verrons plus loin pourquoi celle-ci est strictement égale à sa période de rotation autour de la Terre. Le résultat est qu'elle nous présente toujours la même face tout au long de sa révolution comme on peut le voir sur la figure ci-joint.

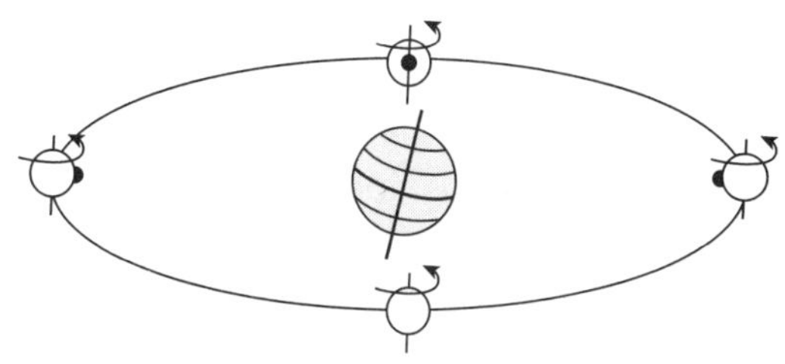

Figure 3.6 Schéma de la double rotation de la Lune sur elle-même et autour de la Terre. Le point noir tracé sur la Lune permet de suivre sa rotation sur elle-même

La Lune n'émet pas sa propre lumière, elle nous renvoie celle du Soleil. Suivant les positions relatives de la Terre, du Soleil et de la Lune, la face qu'elle nous présente n'est pas éclairée de la même façon : comme nous venons de le voir, on passe successivement de la nouvelle Lune, invisible car tournant le dos au Soleil, au premier quartier, puis à la pleine Lune où toute la surface est éclairée, puis au dernier quartier jusqu'à la nouvelle Lune suivante.

Voici une petite astuce pour savoir, dans l'hémisphère Nord, à quelle phase correspond le croissant de Lune ; on ajoute une barre verticale imaginaire au croissant et on lit, en lettres ***minuscules*** *:*

- la lettre « p » si elle est dans son **p**remier quartier (entre la nouvelle Lune et la pleine Lune) ;
- la lettre « d », si elle est dans son **d**ernier quartier (après la pleine Lune).

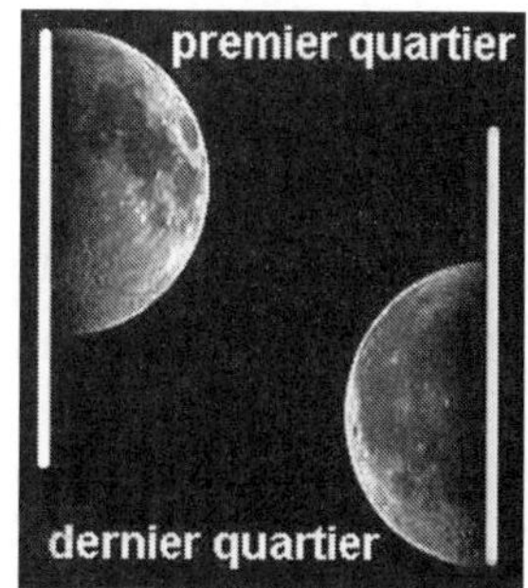

Figure 3.7 Pour savoir si la lune croît ou décroît

Dans l'hémisphère sud, c'est l'inverse.

c. Le mois lunaire

On appelle révolution synodique le temps qui sépare deux pleines Lunes successives ; ce temps est supérieur à la révolution sidérale qui est le temps que met la Lune pour accomplir un tour complet autour de la Terre.

La figure ci-contre montre comment la position de la Lune par rapport à la Terre et au Soleil évolue au cours du mois lunaire : après la révolution sidérale, la Lune occupe la même position par rapport aux étoiles fixes, mais ce n'est que 2 jours, 2 heures et 35 minutes plus tard, à la fin de la révolution synodique qu'elle atteint la même position dans le système Lune-Terre-Soleil : c'est le temps qui sépare 2 pleines Lunes consécutives.

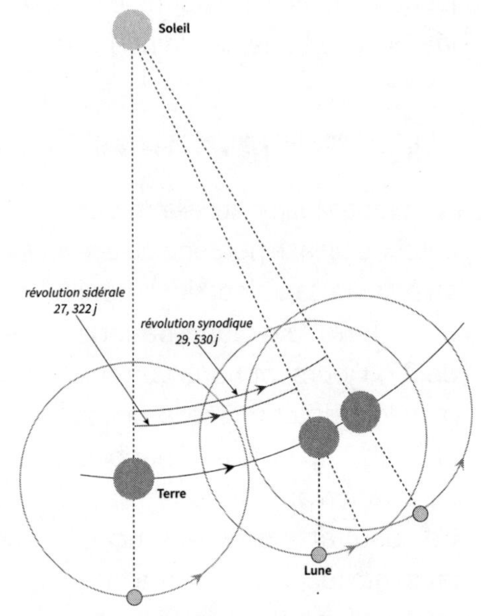

Figure 3.8 Déplacement de la Terre et de la Lune au cours de la révolution synodique

La pleine Lune est un événement parfaitement observable sous toutes les latitudes et l'intervalle entre deux pleines Lunes successives, le mois lunaire, a servi d'étalon de temps dans de nombreuses civilisations. L'inconvénient de cet étalon est que l'année solaire, égale à 365,242 jours, est plus longue que 12 mois lunaires, qui ne font que 354,36 jours. Si on fonde l'année sur 12 mois lunaires, celle-ci prend 11 jours de retard sur l'année solaire, et il faut rattraper ce retard en rajoutant un mois en moyenne tous les 3 ans.

d. La face cachée

On a vu que la Terre fait un tour sur elle-même en 23 h 56 min 4 sec. et un tour autour du Soleil en 365, 242 j. La Lune, en revanche, met pour faire un tour sur elle-même exactement le temps qu'elle met pour faire un tour autour de la Terre. Cela n'est pas un hasard, c'est l'effet cumulé pendant 4 milliards d'années de ce qu'on appelle les « forces de marée ». Ces forces résultent de l'attraction gravitationnelle entre la Terre et la Lune. Elles s'exercent sur toute la masse de la Lune, en particulier sur l'intérieur qui, comme celui de la Terre, est liquide et produisent des « marées ». Ces marées déforment la Lune en provoquant un léger gonflement dirigé vers la Terre ainsi qu'un autre dans la direction opposée (voir la section consacrée aux marées dans le chapitre 4). Lorsque la vitesse de rotation de la Lune sur elle-même était plus rapide que sa vitesse de rotation autour de la Terre, ce gonflement devait, pour pointer en permanence vers la Terre, se déplacer constamment sous le sol lunaire, provoquant des déplacements de matière et donc des frottements dissipateurs d'énergie. Cette énergie était prise sur l'énergie de rotation de la Lune, ce qui a ralenti cette rotation jusqu'à sa valeur actuelle : la déformation de marée est maintenant fixe par rapport au sol lunaire et il n'y a plus d'énergie de frottements dissipée.

Puisque la Lune fait ainsi un tour sur elle-même strictement dans le temps où elle fait un tour autour de la Terre, elle présente en permanence la même face vers la Terre. Nous ne connaissions donc pas l'autre face de la Lune jusqu'à ce que l'on envoie des sondes spatiales qui en ont fait le tour et nous ont rapporté des photos.

Figure 3.9 Une image de la « face cachée » de la Lune

On voit sur la figure 3.9 que la « face cachée » n'est pas très différente d'aspect de la face connue avec cependant plus de cratères et moins de « mers ».

4. Le temps de l'année : la course des saisons

n°30

expérience

Pour visualiser la variation de la course solaire au cours de l'année, on utilise à nouveau le bâton planté verticalement dans le sol et on trace, toutes les semaines pendant l'année entière, la position de l'extrémité de son ombre à midi solaire, lorsqu'elle est la plus courte. On vérifie que l'ombre de l'extrémité s'allonge à l'automne, se raccourcit au printemps, ce qui nous montre que le Soleil est plus bas sur l'horizon en hiver qu'en été.

a. Les mouvements de la Terre dans l'espace

La Terre tourne sur elle-même telle une toupie bien lancée, dont l'axe de rotation garde une orientation constante dans l'espace. Cet axe est la ligne des pôles qui va du pôle Sud au pôle Nord. Le plan perpendiculaire à cette ligne et passant par le centre de la Terre est le plan de l'équateur.

De façon totalement indépendante du mouvement de toupie, la Terre tourne autour du Soleil en décrivant une grande courbe plane presque circulaire appelée écliptique et le plan qui contient cette trajectoire s'appelle plan de l'écliptique.

L'axe de la toupie fait un angle avec la perpendiculaire à l'écliptique qui garde une valeur et une orientation fixes tout au long de l'année. C'est également l'angle que font entre eux le plan de l'équateur et le plan de l'écliptique. Il vaut 23°26'.

Nous allons visualiser le mouvement de la Terre dans sa course annuelle à l'aide d'une expérience.

n°31

expérience

On a besoin d'une orange (la Terre), d'une aiguille à tricoter ou d'une brochette (l'axe des pôles), du rebord d'une table horizontale ronde ou ovale (l'écliptique) et d'une lampe boule (le Soleil).

Percer diamétralement la Terre avec l'axe des pôles, incliner celui-ci d'environ 23° par rapport à la verticale et parcourir l'écliptique en entier en gardant constante l'orientation de l'axe des pôles. Qu'observe-t-on ?

Il existe deux positions symétriques par rapport au centre du Soleil pour lesquelles l'axe des pôles est perpendiculaire à la droite qui joint le centre du Soleil à celui de la Terre ; pour ces positions, si on allume le Soleil, la Terre est éclairée d'un pôle à l'autre de façon uniforme sur toute la face dirigée vers le Soleil : ce sont les équinoxes.
Il existe également deux positions, symétriques par rapport au centre du Soleil, pour lesquelles le plan perpendiculaire à l'écliptique et passant par les pôles terrestres passe par le Soleil : ce sont les solstices.

La figure ci-dessous, qui illustre l'expérience que nous venons de faire, montre en perspective le plan de l'écliptique et les quatre moments qui rythment le déroulement d'une année, les deux équinoxes, moments de l'année où la ligne Terre-Soleil est perpendiculaire à l'axe des pôles, et les deux solstices, moments où le plan passant par l'axe des pôles terrestres et le Soleil est perpendiculaire au plan de l'écliptique.

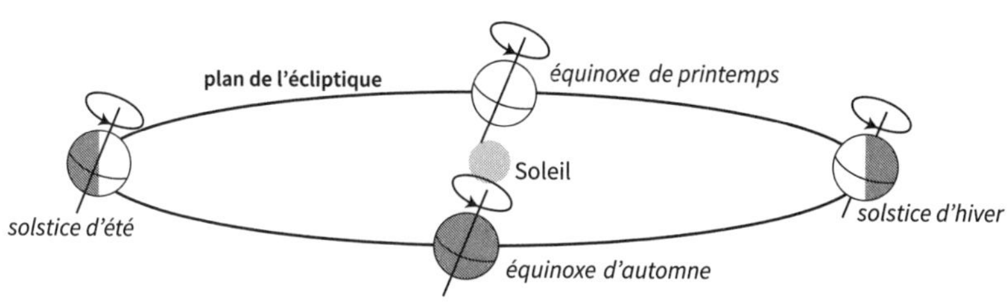

Figure 3.10 Les mouvements de la Terre dans l'espace

b. Les équinoxes

On voit bien sur le dessin précédent l'éclairement de la Terre le jour de l'équinoxe, qu'il s'agisse de celui de printemps ou de celui d'automne.

On voit que la ligne séparatrice entre partie éclairée (jour) et partie dans l'ombre (nuit), passe par les deux pôles. Quel que soit le lieu sur Terre, la durée du jour est égale à celle de la nuit, 12 heures chacune.

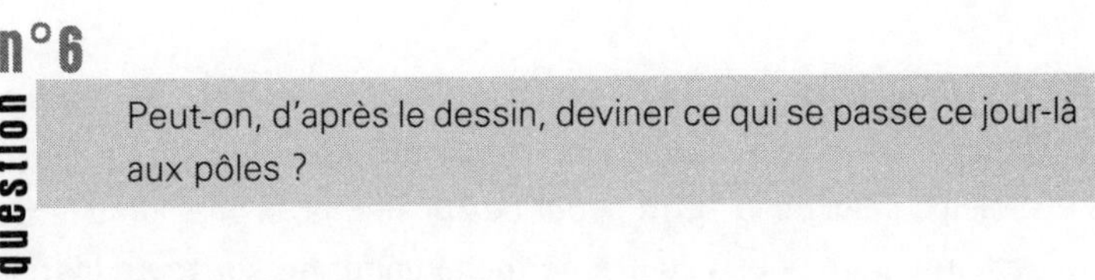
n°6

question

Peut-on, d'après le dessin, deviner ce qui se passe ce jour-là aux pôles ?

c. Les solstices d'été et d'hiver

L'image de la figure 3.11 représente l'éclairement de la Terre le jour du **solstice d'été**. On voit que tout lieu situé dans l'hémisphère Nord bénéficie d'une durée du jour supérieure à 12 heures et qu'il existe même des zones où le Soleil ne se couche pas. Dans l'hémisphère Sud, au contraire, la durée du jour est inférieure à 12 heures et la zone située autour du pôle sud est totalement dans l'obscurité.

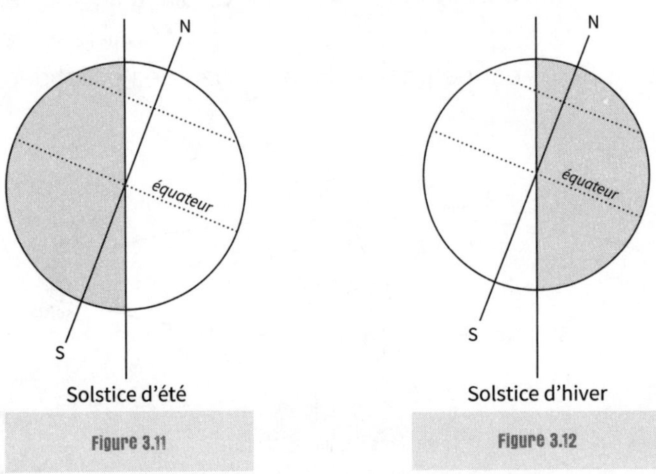

Figure 3.11

Figure 3.12

Le jour du **solstice d'hiver** (figure 3.12), la situation est exactement inverse de la précédente : il se passe dans l'hémisphère Nord ce qui se passait dans l'hémisphère Sud et réciproquement. La ligne pointillée parallèle à l'équateur figure sensiblement la latitude de la France. On voit nettement la différence de durée du jour (partie claire) et de la nuit (partie sombre) en hiver et en été.

d. Durée du jour du nord au sud et au long de l'année

L'image de la figure 3.13 récapitule les différentes situations décrites précédemment.

On y voit les trajectoires apparentes du Soleil aux solstices d'hiver et d'été et aux équinoxes, vues de la Terre en un point situé dans l'hémisphère Nord et sous une latitude d'environ 45°N. Les trajectoires dessinées sont toutes trois parallèles au plan de l'équateur et leur plan fait avec l'axe vertical un angle égal à la latitude du lieu d'observation, soit, ici, 45°.

En utilisant les figures de la page précédente et en s'aidant de l'orange percée, on peut comprendre que l'inclinaison du plan équatorial par rapport à l'écliptique a un double effet :

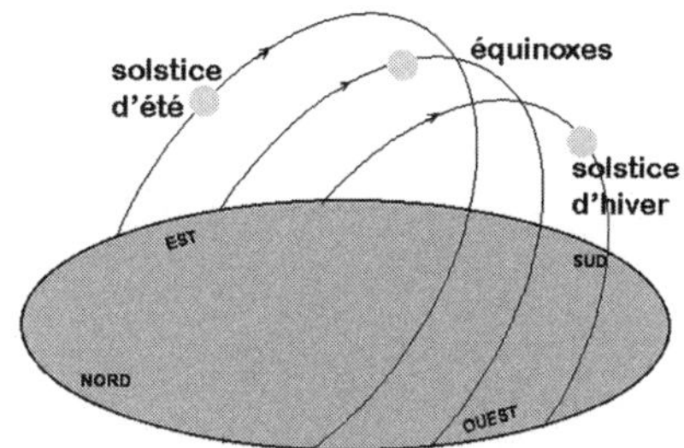

Figure 3.13 Trajectoires apparentes du Soleil aux solstices d'hiver et d'été et aux équinoxes

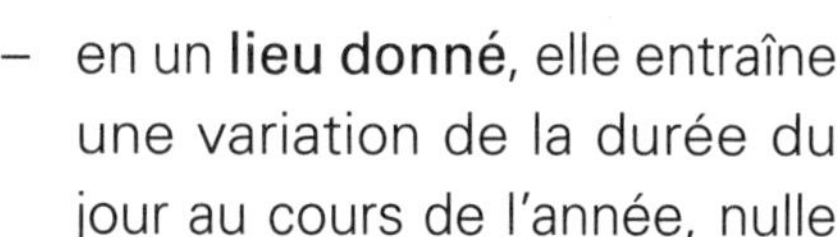

- en un **lieu donné**, elle entraîne une variation de la durée du jour au cours de l'année, nulle à l'équateur (nuits et jours sont égaux tout au long de l'année) et maximale aux pôles où la nuit et le jour durent chacun six mois ;
- pour un **jour donné**, l'inégalité du jour et de la nuit dépend du moment de l'année et du lieu : nulle aux équinoxes, elle est d'autant plus marquée qu'on est proche en temps du solstice et qu'on s'approche géographiquement des pôles.

Cette variation annuelle de la durée du jour est représentée pour différentes latitudes sur le graphique 3.14 :

- sous une latitude de 0°, c'est-à-dire à l'équateur, la ligne droite montre que la durée du jour vaut 12 heures tout au long de l'année ;
- à 50° de latitude N, ce qui est très voisin de la latitude de Paris, la durée du jour atteint 16 heures au solstice d'été et descend à 8 heures à Noël ;
- enfin, à 70° N, à l'extrême nord de la Norvège, le Soleil ne se couche pas de fin mai à début août et il fait nuit de la mi-novembre à la fin de janvier.

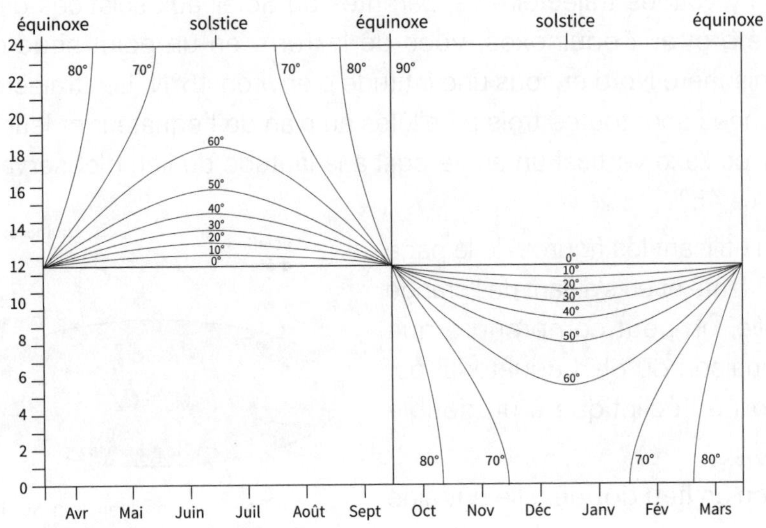

Figure 3.14 Variation annuelle de la durée du jour pour différentes latitudes

Sur une année complète, la durée totale d'ensoleillement est la même en tout point du globe et représente à peu près 182 j 15 h.

Nous avons vu au chapitre 2 que c'est l'énergie reçue par an et par mètre carré qui varie avec la latitude.

e. La précession des équinoxes

Jusqu'à présent, nous avons considéré que l'orientation de l'axe des pôles terrestres était immuable dans l'espace et dans le temps. Ainsi, chaque année est identique aux autres, les étoiles retrouvent la même place dans le ciel nocturne à la même date et la même heure et les positions de la Terre aux équinoxes, appelés points vernaux, sont fixes sur l'écliptique.

En fait cela n'est pas exact : en l'an 130 av. J.-C., l'astronome grec Hipparque avait déjà remarqué que l'axe terrestre, comme celui d'une toupie sur le point de s'arrêter, était animé d'un mouvement de rotation autour d'un axe perpendiculaire à l'écliptique, entraînant un déplacement des points vernaux le long de l'écliptique.

n°32

expérience

Avec le matériel utilisé pour comprendre les équinoxes et les solstices, montrer que, si on fait tourner l'axe terrestre autour d'un axe perpendiculaire à l'écliptique, les points trouvés précédemment changent.

La durée complète de ce cycle est d'environ 25 800 ans. Actuellement, l'axe pointe au nord vers l'étoile Polaire, mais dans environ 12 000 ans, ce ne sera plus le cas. L'étoile qui jouera le rôle d'étoile Polaire sera alors la très brillante Vega de la Lyre.

5. Les éclipses de Soleil et le temps du « saros »

a. Trois types d'éclipses : totale, partielle et annulaire

Une éclipse solaire se produit chaque fois que la Lune se place devant le Soleil, occultant totalement ou partiellement l'image du Soleil vue de la Terre. Cette configuration ne peut se produire que durant la nouvelle Lune quand le Soleil et la Lune sont en conjonction, c'est-à-dire quand, vus de la Terre, ils apparaissent très proches l'un de l'autre dans le ciel.

L'éclipse totale se produit lorsque le Soleil est complètement occulté par la Lune. Le disque solaire intensément lumineux est remplacé par la sombre silhouette lunaire, et la majeure partie de la couronne solaire est visible. Cette totalité n'est observable intégralement que sur l'étroit parcours de l'ombre totale de la Lune sur la surface de la Terre.

L'éclipse partielle correspond au passage de la pénombre de la Lune sur la Terre : la Lune n'occulte alors qu'en partie le Soleil. Ce phénomène est observable sur une grande partie de la Terre de part et d'autre de la bande d'ombre d'une éclipse totale ou d'une éclipse annulaire.

La distance Terre-Lune varie d'environ 4 % au cours d'un mois lunaire. Il en est de même du diamètre apparent de la Lune. Une éclipse annulaire se produit quand le Soleil et la Lune sont parfaitement alignés, mais que le diamètre apparent de la Lune est légèrement inférieur à celui du Soleil. Le Soleil apparaît alors comme un anneau très brillant entourant le disque lunaire (figure 3.15).

Figure 3.15 Éclipse annulaire du 3 octobre 2005 (Espagne)

Il arrive parfois que l'éclipse ne soit pas vue de la même manière en deux lieux différents très éloignés. En avril 2005, à environ 2 200 km à l'ouest des Galapagos, l'éclipse était totale alors que, au Panama, le diamètre apparent de la Lune avait diminué suffisamment pour créer une éclipse annulaire. C'est ce qu'on appelle une éclipse hybride (figure 3.16).

Figure 3.16 Montage photographique montrant l'éclipse hybride du 8 avril 2005

b. Observer une éclipse solaire

n°33

expérience

Percer un trou carré de 20 cm de côté sur une face latérale d'une grande boîte en carton d'environ 40 cm de côté que vous recouvrez d'une feuille de papier-calque. Dans la face opposée, percer un trou d'environ 3 cm de diamètre dans lequel vous enfilez le côté oculaire d'une petite lunette monoculaire. Diriger la lunette vers le Soleil et observer l'image qui se forme sur le papier-calque.

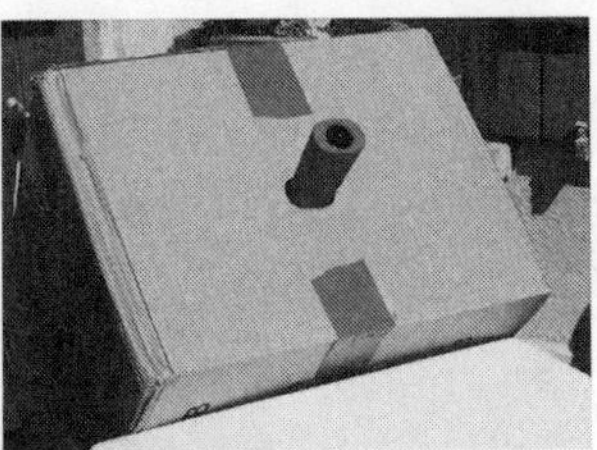

Figure 3.17 Observation du Soleil

L'instrument qu'on vient de construire permet d'observer la surface du Soleil sans risque pour les yeux. Il permet en particulier de suivre la course d'une éclipse depuis le commencement jusqu'à la totalité, où il est alors possible de regarder directement le phénomène. Il est également possible d'observer l'éclipse en utilisant les filtres spéciaux mentionnés au chapitre 1.

Il se produit en moyenne deux éclipses de Soleil chaque année, mais la zone où l'éclipse est totale se réduit à une étroite bande, ce qui en rend l'observation parfois compliquée. Chaque éclipse est un événement qui justifie d'importantes opérations touristiques et scientifiques : c'est une éclipse totale observable au Brésil qui a permis en 1919 de faire des observations qui ont validé la théorie de la relativité générale.

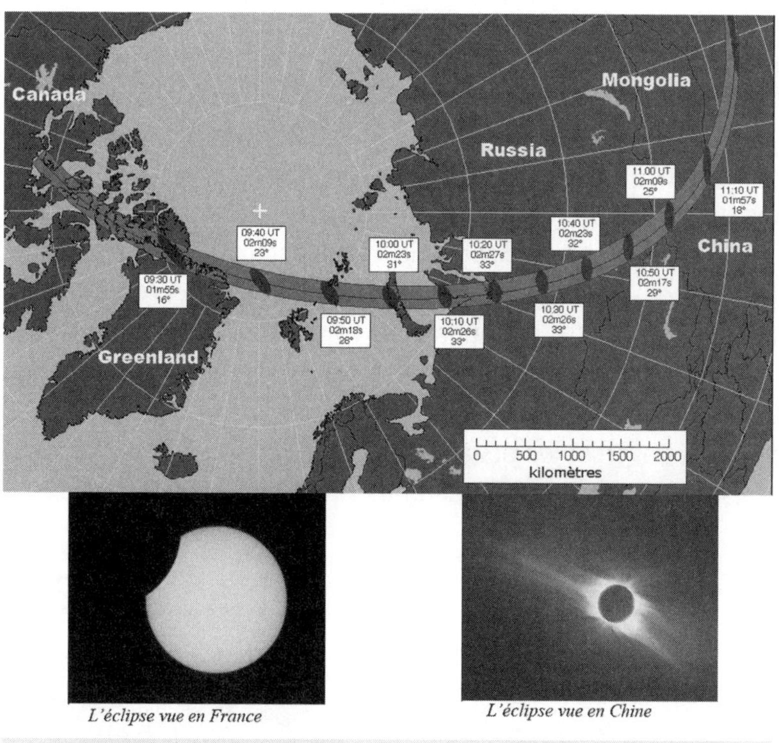

Figure 3.18 Éclipse totale de Soleil du 1er août 2008

c. Une période importante en astronomie : le saros

Les astronomes se sont aperçus que les éclipses se produisaient, non pas de façon totalement irrégulière, mais selon un cycle reproductible d'une durée de 18 ans et 10 ou 11 jours (suivant le nombre d'années bissextiles). Ce cycle constitue le « saros » qui représente 223 mois lunaires.

Ce cycle n'a jamais constitué une unité de mesure du temps, mais il permet de retrouver la date exacte d'une éclipse ayant eu lieu plusieurs siècles avant notre ère et de prédire les prochaines éclipses. À deux dates séparées d'un nombre entier de saros, la géométrie du système Soleil-Terre-Lune est pratiquement identique.

6. Savoir où l'on est

Repérer exactement sa position sur la Terre n'est plus un problème à notre époque, le GPS est disponible à tout instant et en tout lieu et donne immédiatement la réponse avec une incroyable précision. Il n'en a pas toujours été ainsi, et d'innombrables voyageurs furent victimes de leur ignorance du point où ils se trouvaient. Cela était particulièrement dramatique en mer, surtout lorsque la découverte de l'Amérique en 1492 amena les marins à traverser les océans et non plus à longer des côtes, comme ils le faisaient depuis longtemps entre l'Europe, l'Afrique et l'Asie.

a. Faire le point

On a vu que la façon la plus efficace de se repérer sur Terre consistait à connaître sa latitude et sa longitude. Les marins appellent « faire le point » la détermination de ces deux angles.

Figure 3.19 Utilisation d'un sextant

b. Latitude

On sait que la hauteur du Soleil dans le ciel à midi solaire, c'est-à-dire au moment où il culmine, dépend de 2 paramètres, le moment de l'année et la latitude du lieu, et les navigateurs avaient depuis longtemps des tables reliant ces trois grandeurs. Il suffisait au capitaine du vaisseau de viser, à l'aide d'une lunette spéciale appelée « sextant », le Soleil vers midi pour repérer exactement sa hauteur maximale par rapport à l'horizon. C'est ce que fait le capitaine Nemo à bord du *Nautilus* sur la figure 3.19.

b. Longitude

Le problème de la longitude semble simple à résoudre, puisque nous savons que, par définition, lorsque le Soleil culmine, il est midi à l'heure locale. Il suffit donc de mesurer l'heure de cette culmination avec une horloge réglée sur un méridien de référence pour déduire immédiatement le décalage entre la longitude locale et celle du méridien de référence.

question n°7

> Vous avez une montre réglée sur l'heure du méridien de Greenwich, vous observez le Soleil avec un sextant et vous notez qu'il culmine à 14 h 36 min. On rappelle que 15° correspondent à une heure. À quelle longitude vous trouvez-vous ?

Le développement du commerce transatlantique au cours du XVIe puis du XVIIe siècle, la découverte et la colonisation de nouvelles contrées rendirent urgente la nécessité pour les navires de pouvoir se localiser avec précision. Aucune horloge construite jusque alors ne permettait d'emporter avec soi sur mer une heure fiable avec la précision requise pour faire le point.

Tous les États européens impliqués, en particulier l'Angleterre, la Hollande et la France, se lancèrent dans la compétition pour construire l'horloge qui, après des semaines de navigation, donnerait l'heure avec une erreur maximum de quelques secondes. Un concours international est lancé par le Parlement britannique en 1714. Le gagnant de ce concours fut l'horloger anglais John Harrison, qui construisit à partir de 1732 une série d'horloges qui résolvaient le problème des longitudes. Elles furent très rapidement suivies par des modèles de plus en plus compacts et fiables qui équipèrent les bateaux pendant deux siècles.

7. Les cadrans solaires, les méridiennes et l'équation horaire

a. Les cadrans solaires

Ils indiquent le temps solaire par le déplacement de l'ombre d'une tige rectiligne (gnomon ou style), sur une surface où est tracé un ensemble de graduations. La surface est généralement plane mais peut aussi être concave, convexe, sphérique, cylindrique…

Tous les cadrans que nous présentons ici, à part l'analemmatique, ont leur *style*, encore appelé *gnomon*, parallèle à l'axe Nord-Sud du monde. Le schéma de la figure 3.20 permet de comprendre la géométrie des différents types de cadrans, équatoriaux, verticaux, horizontaux et polaires. Il nous montre que la partie commune à tous ces cadrans, le style dont l'ombre portée sur le cadran donnera l'information horaire, doit être orienté parallèlement à l'axe du monde, c'est-à-dire à l'axe des pôles terrestres. Le plan vertical passant par l'axe du monde (le plan méridien) coupe les cadrans suivant la ligne de midi. Ces cadrans diffèrent entre eux par l'orientation de la surface sur laquelle se projette l'ombre.

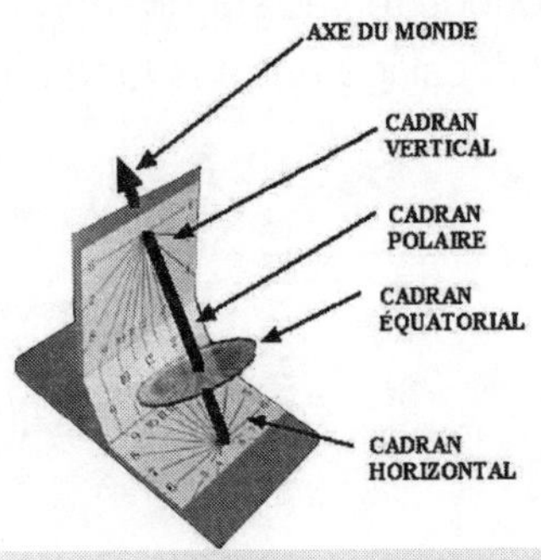

Figure 3.20 Cadran solaire multiple

n°34

expérience

Construction d'un cadran solaire multiple, à la fois vertical, horizontal et équatorial.

Matériel nécessaire : grande bande de carton, boussole, niveau

Plier à angle droit, au milieu de la longueur, une grande bande de carton d'environ 30 cm de large et 60 cm de long.

Découper un triangle rectangle de carton dont l'un des angles est égal à la latitude locale.

Insérer ce triangle comme indiqué sur la figure ci-contre et enfiler perpendiculairement un cercle en carton fendu selon un rayon.

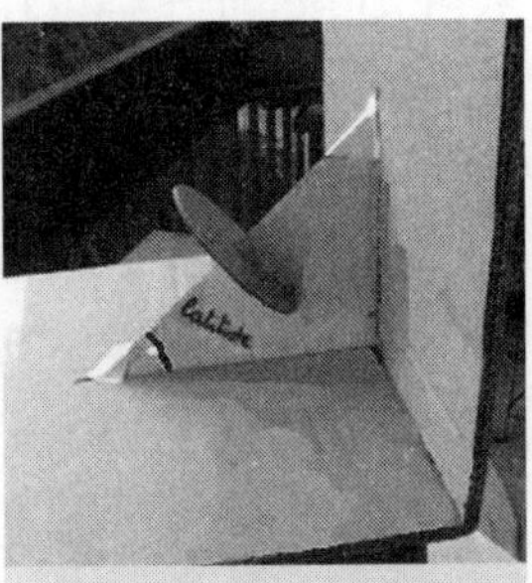

Figure 3.21 Montage du cadran multiple

Exposer le cadran au Soleil en respectant les trois conditions suivantes :

- vérifier à l'aide d'un niveau à bulle que la base est horizontale ;
- vérifier que l'hypoténuse du triangle, qui est le style du cadran, doit être parallèle à l'axe du monde et fait bien avec l'horizontale un angle égal à la latitude du lieu ;
- Le cadran est tourné vers le Soleil et le plan vertical du triangle est orienté très précisément nord-sud à l'aide d'une boussole.

Une fois le cadran mis en place, repérer et tracer au crayon la position de l'ombre du gnomon (l'hypoténuse du triangle) sur le plan vertical, le plan horizontal et le plan équatorial. Il est recommandé de tracer ces trois lignes exactement toutes les heures diurnes en veillant a ce que midi concorde avec le midi solaire, c'est-à-dire lorsque le Soleil passe dans le plan du triangle et qu'il n'y a donc aucune ombre visible. On obtient ainsi un cadran solaire utilisable tout au long de l'année.

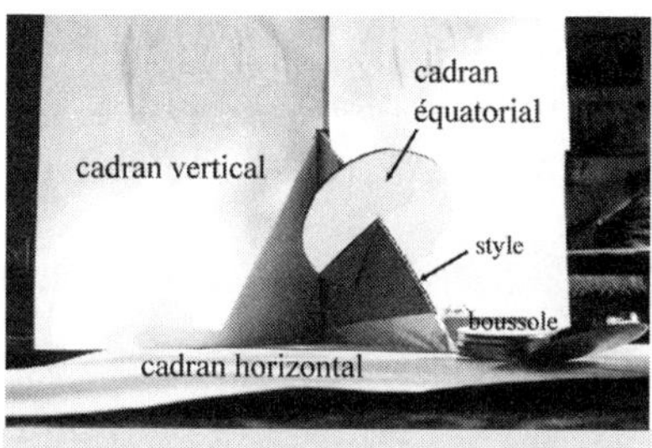

Figure 3.22 Utilisation du cadran multiple

b. Toutes sortes de cadrans solaires

Nous allons les passer en revue en montrant des exemples de chaque type. Tous les cadrans donnent la même information, mais cette diversité permet à chacun de choisir le type le mieux adapté à ses goûts et à l'espace dont il dispose. La plupart des photos de cadrans données ici sont de Serge Gregori.

b.1. Cadran solaire équatorial (photo n° III.1 du cahier couleur)

La surface du cadran est dans un plan parallèle à celui de l'équateur terrestre ; le style, perpendiculaire à la surface du cadran, est situé dans le plan du méridien local. Il est incliné par rapport au plan horizontal d'un angle égal à la latitude du lieu (voir figure 3.23). La lecture de l'heure se fait sur une face du cadran entre les équinoxes de printemps et d'automne, sur

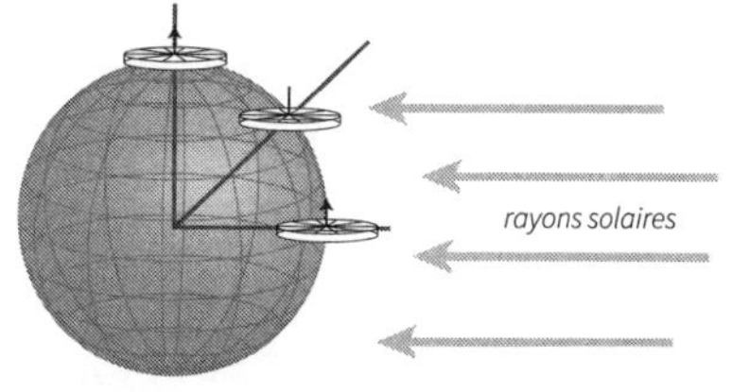

Figure 3.23 Orientation du cadran équatorial en fonction de la latitude

l'autre face l'autre moitié de l'année. Les rayons du Soleil arrivent exactement dans le plan du cadran les jours des équinoxes. À l'équateur, le cadran est vertical ; aux pôles, il est horizontal.

b.2. Cadran solaire horizontal (figure 3.24)

Sa table est horizontale et le style fait, avec le plan du cadran, un angle égal à la latitude du lieu. Le cadran doit être orienté de manière que le style se trouve dans le plan du méridien local. La ligne de midi matérialise ce méridien local.

Figure 3.24 Cadran horizontal d'Aspres-sur-Buech (05140)

b.3. Cadran solaire vertical (figure 3.25)

La surface du cadran est verticale, le style est dans le plan du méridien local matérialisé par la ligne de midi toujours verticale. Lorsque le plan du cadran fait exactement face au sud, le cadran est dit méridional.

S'il est orienté de façon quelconque, le cadran est dit déclinant et les lignes horaires ne sont pas symétriques par rapport à la ligne de midi. Le cadran peut être du matin ou de l'après-midi.

Figure 3.25 Cadran vertical méridional de Saint-Romain-de-Benet (17600)

b.4. Cadran solaire polaire (figure 3.26)

Le style est parallèle à la table. Celle-ci est donc inclinée par rapport à l'horizontale, d'un angle égal à la latitude du lieu, et orientée perpendiculairement à la méridienne locale. Ce cadran devient vertical au pôle, et horizontal à l'équateur. Les lignes horaires sont toutes parallèles entre elles et leur tracé est indépendant de la latitude du lieu.

Figure 3.26 Cadran polaire de Cournonsec (34660)

b.5. Cadran solaire analemmatique (figure 3.27)

Le style est vertical et mobile au cours de l'année et les heures sont marquées sur une ellipse. Aux équinoxes, le style se place au milieu de l'axe de l'ellipse. Aux autres dates, le style doit être placé respectivement en été au nord et en hiver au sud du centre de l'ellipse, à une distance qui dépend de la latitude géographique et du moment de l'année.

Figure 3.27 Cadran analemmatique à Usseaux-Balboutet (Italie, Piémont)

Le cadran de la photo 3.27 a un grand axe d'environ 2 mètres et a été conçu pour que le style vertical soit une personne debout qui voit son ombre projetée pour lire l'heure à toute époque de l'année. Comme la position du soleil varie en hauteur pour une même heure au cours de l'année, il faut se placer le long d'une ligne méridienne sur laquelle les dates sont indiquées. Les plots marquent les heures de 5 heures du matin à 19 heures.

c. Les méridiennes

Ce sont des instruments solaires qui permettent d'indiquer le moment exact du midi solaire à un endroit donné. Autrefois, elles permettaient de régler sa montre une fois par jour...

Dans une méridienne, les lignes du cadran traditionnel se réduisent à la ligne méridienne et le style est en général remplacé par un œilleton situé dans un mur vertical faisant face à la méridienne, qui permet de projeter l'image du Soleil sur celle-ci.

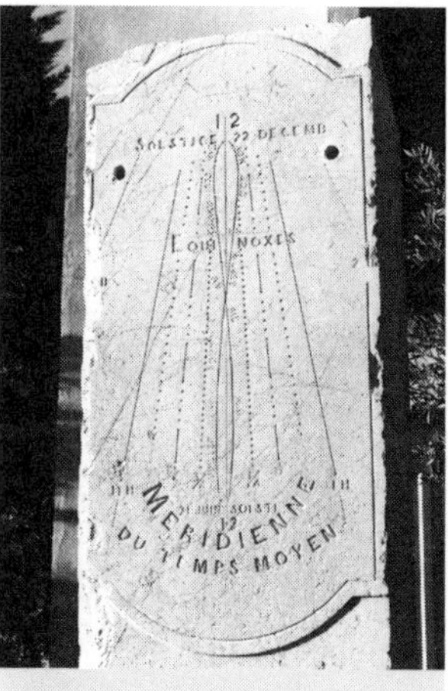

Figure 3.28 Méridienne de l'observatoire de Marseille (photo : Jean-Michel Ansel)

La méridienne peut être horizontale ou verticale et elle est parfois complétée par une courbe en 8 que nous décrirons dans le dernier paragraphe. La photo 3.28 est celle de la méridienne du temps moyen de l'observatoire de Marseille ; une méridienne verticale est une ligne verticale tracée sur un plan orienté vers le sud. Il en existe aussi sur des portions de cylindre ou dans des calottes sphériques.

Une méridienne ne fonctionne qu'à midi mais elle peut également servir de calendrier sommaire, l'image du Soleil sur la méridienne étant plus ou moins haute en fonction du jour de l'année. En particulier, cette image passe par une position extrémale au moment des solstices.

Il existe beaucoup de méridiennes dans les églises. La méridienne de l'église Saint-Sulpice à Paris a été construite à partir de 1737 pour déterminer l'équinoxe de mars, donc la date exacte de Pâques, fixée depuis l'an 325 de notre ère au dimanche qui suit la pleine Lune venant après cet équinoxe. La lumière du Soleil pénètre par un œilleton scellé dans un vitrail à environ 25 mètres de haut et se projette chaque jour à midi solaire sur la méridienne tracée sur le sol ; au cours de l'année, le point où la tache lumineuse coupe la méridienne se déplace. Très proche du mur sud au solstice d'été, il parcourt la méridienne pour en être à peu près en son milieu à l'équinoxe d'automne. Il remonte ensuite le long d'un obélisque vertical placé sur le mur nord pour atteindre pratiquement son sommet au solstice d'hiver, et repasse bien sûr par son milieu à l'équinoxe de printemps. La figure 3.29 montre le franchissement de la méridienne par l'image du Soleil dans la cathédrale de Palerme en Sicile.

Figure 3.29 Tache lumineuse sur une méridienne tracée sur le sol

d. Équation horaire du temps

À première vue, le Soleil accomplit chaque jour son arc dans le ciel et passe au méridien à l'instant qui marque midi. Le cadran solaire, qui traduit cette course, devrait donc être une horloge parfaite. Or il n'en est pas tout à fait ainsi et une montre performante permet de vérifier que l'intervalle entre deux passages consécutifs du Soleil au méridien, tantôt supérieur, tantôt inférieur à 24 heures, varie tout au long de l'année.

En effet, le temps qui sépare deux passages successifs du Soleil au méridien est la somme de deux effets :

- la rotation de la Terre sur elle-même, d'une durée immuable de 23 h 56 min 4 s ;
- le fait que pendant ce temps, le déplacement apparent du Soleil a eu lieu le long de l'écliptique, ce qui nécessite un rattrapage moyen supplémentaire d'environ 4 minutes.

Mais ce rattrapage n'est pas constant au cours de l'année ; il subit une fluctuation due à deux causes astronomiques indépendantes :

- une cause géométrique : l'inclinaison du plan équatorial par rapport à l'écliptique donne une variation semestrielle de l'écart entre le midi solaire et celui des horloges qui s'annule aux solstices et aux équinoxes (*courbe « obliquité »*) de la figure 3.30 ;
- une cause dynamique : la légère ellipticité de l'orbite terrestre s'accompagne d'une fluctuation annuelle de la vitesse de la Terre sur son orbite. Cela entraîne que le temps de rattrapage quotidien évoqué plus haut n'a pas une valeur constante de 4 minutes mais subit autour de cette valeur moyenne une fluctuation qui s'annule au début de janvier et au début de juillet (*courbe « ellipticité »*).

La somme de ces deux variations se traduit graphiquement par la courbe appelée « équation du temps » qui s'annule à la mi-avril, à la mi-juin, au début de septembre et à la fin de décembre.

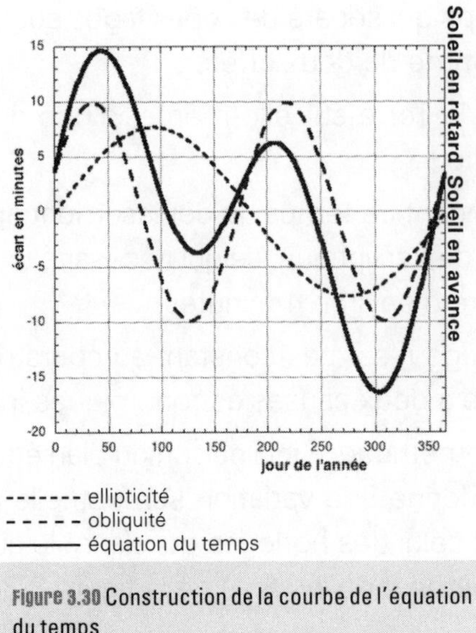

Figure 3.30 Construction de la courbe de l'équation du temps

Pour pouvoir prendre en compte ce décalage, on reproduit la courbe « équation du temps » sur les méridiennes, où l'écoulement du temps le long de l'année se traduit par un aller-retour de la tache solaire du haut vers le bas entre le 21 décembre et le 21 juin et du bas vers le haut pendant le reste de l'année.

n°35

expérience

À l'aide d'un papier-calque, reproduire la courbe de l'équation du temps de la figure 3.31. Replier en faisant coïncider le 1er janvier et le 31 décembre. Vous obtenez une courbe qui a approximativement la forme d'un 8.

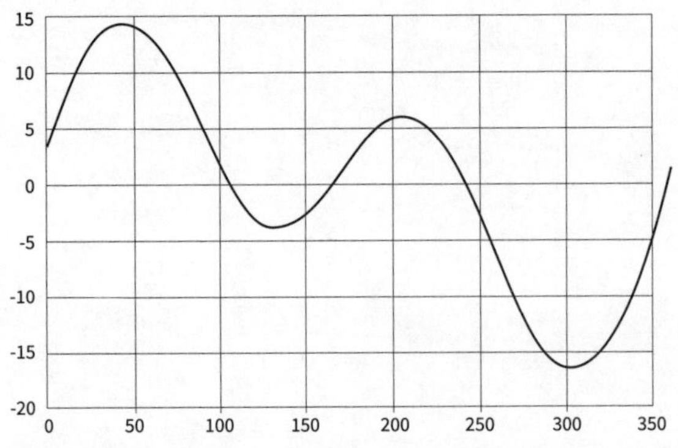

Figure 3.31 Courbe de l'équation du temps

Dans cette représentation en aller-retour de l'écoulement du temps, la courbe « équation du temps » est représentée sur la méridienne par une courbe en 8 qui coupe la ligne méridienne en quatre points dont deux sont presque confondus : un point en juin en bas de la courbe, deux points très voisins en septembre et avril au milieu et un point en décembre en haut.

On peut voir cette courbe sur la méridienne du temps moyen de l'observatoire de Marseille (3.28).

8. Toutes sortes de calendriers

a. Les calendriers luni-solaires

Ils sont basés à la fois sur le cycle annuel du Soleil et sur le cycle régulier des phases de la Lune pour arriver à faire correspondre le cycle des saisons avec celui des mois. Le calendrier est lunaire mais l'année est ajustée environ tous les trois ans avec un mois intercalaire.

Les années n'ont donc pas toutes le même nombre de jours : durant les années « courtes », il manque 11 jours par rapport à l'année solaire, ce qui produit très vite une dérive des saisons. En rajoutant un treizième mois environ tous les trois ans on arrive à suivre le rythme des saisons.

Les calendriers luni-solaires ont été utilisés par les peuples de plusieurs civilisations antiques comme les Chinois, les Grecs, les Romains et les Macédoniens. De nos jours, les calendriers luni-solaires des anciens Hébreux et de la Chine impériale ne sont utilisés que pour déterminer les dates des fêtes religieuses ou traditionnelles.

b. Les calendriers solaires

Les premiers sont apparus chez les Mayas et les Égyptiens par nécessité pour les activités agricoles dans le but de synchroniser les cultures avec les saisons. Ils respectent le rythme des saisons : l'équinoxe de printemps doit être toujours à la même date, le 21 mars.

Chez les Aztèques, l'année comprenait 18 mois de 20 jours. Ce sont les Égyptiens qui, probablement 3 000 ans avant Jésus-Christ, déterminèrent la durée de l'année solaire, en tenant compte du retour annuel des saisons et de ce qu'ils appelaient le « lever héliaque » des étoiles : chaque année il existe pour toute étoile un jour précis où il devient impossible d'assister à son lever à l'est parce qu'il précède de trop peu celui du Soleil qui donne au ciel une forte brillance.

c. Le calendrier julien (en l'honneur de l'empereur Jules César)

Au moment où César arriva au pouvoir à Rome, le calendrier était dans la confusion la plus complète. En 46 avant notre ère, Jules César fit venir d'Égypte l'astronome grec Sosigène et le prit pour conseiller, à dessein de réformer le calendrier pour tout l'Empire : le calendrier romain devint solaire. On décida que le nouvel an tomberait le 1er janvier au lieu du 1er mars. Pour ramener le calendrier en concordance avec le Soleil, on commença cette année-là par ajouter 90 jours aux 355 jours du calendrier romain. L'année 46 avant notre ère comporta donc 445 jours, d'où son nom d'année de la confusion.

L'année julienne est divisée en 12 mois de 30 ou 31 jours, sauf février qui en contient 28 ou 29. Ce calendrier comprend 3 années communes de 365 jours, suivies d'une année bissextile de 366 jours, où le mois de février est de 29 jours. Le calendrier julien fut adopté par l'Église au concile de Nicée, en 325 de notre ère.

d. Le calendrier grégorien

Si le calendrier julien, avec son année bissextile tous les quatre ans, était fort précis pour son temps, il demeurait tout de même inexact du fait que la durée moyenne de l'année julienne, 365 jours et 6 heures (365,25 jours) est une approximation médiocre de l'année tropique exacte de 365 j, 5 h, 48 min, 45,97 s et cela allait finir par poser problème à long terme. En 1582, le calendrier julien accusait une erreur de dix jours, un véritable obstacle quand il fallut déterminer la date à laquelle on devait fêter Pâques cette année-là : au premier concile de Nicée, en 325, il avait été décidé de fêter Pâques le premier dimanche après la pleine

Lune suivant l'équinoxe vernal (du printemps). Or, en 1582, l'équinoxe vernal allait avoir lieu le 11 mars du calendrier julien (alors qu'en réalité il aurait dû s'agir du 21 mars).

C'est pour corriger cette erreur que le pape Grégoire XIII proposa d'adopter le calendrier grégorien : pour rattraper ce décalage de 10 jours, il fut décidé que le lendemain du jeudi 4 octobre 1582 serait le vendredi 15 octobre. Pour rendre la durée de l'année du calendrier aussi proche que possible de l'année tropique, il fut décidé que l'année du centenaire ne serait plus bissextile sauf si son millésime était divisible par 400 (l'an 1900 n'était pas bissextile contrairement à l'an 2000 ; le prochain millésime bissextile sera l'an 2400).

e. La date d'origine des différents calendriers encore utilisés de nos jours

Dans tous ces calendriers, il n'y a pas d'année zéro : l'année de l'événement fondateur est l'an 1, les années précédentes sont décomptées à partir de -1.

Le calendrier grégorien commence à la naissance de Jésus-Christ.

Lors de la Révolution française, le calendrier républicain a été créé, choisissant comme premier jour celui de la déclaration de la République en France.

Le calendrier hébraïque est luni-solaire ; il commence à la date de la création du monde selon la Torah juive : 3761 avant Jésus-Christ.

Le calendrier musulman est strictement lunaire ; il ne comporte pas le mois rajouté tous les trois ans du calendrier luni-solaire ; il commence à la date de l'Hégire le 9 septembre 622 après Jésus-Christ qui correspond à la migration du prophète Mahomet de La Mecque à Médine.

Chapitre 4

La face cachée du Soleil

DANS les chapitres précédents, nous avons regardé le Soleil avec nos yeux de terriens et nous avons examiné tout ce qu'il nous apportait au quotidien, tant par sa course céleste que par sa lumière et sa chaleur. Nous allons maintenant prendre quelques distances avec ce quotidien et parcourir diverses manifestations de son activité qui n'ont plus toujours cette régularité.

La force gravitationnelle du Soleil maintient la Terre sur son orbite, mais elle agit également sur les océans et joue un rôle dans la variation mensuelle du cycle des marées.

En plus de la lumière et du rayonnement thermique déjà rencontrés, le Soleil nous arrose de différentes sortes de rayonnements et de particules :

- le rayonnement ultraviolet (UV) dont nous allons décrire le rôle dans l'existence et le maintien de la « couche d'ozone » et l'impact sur notre santé ;
- des particules : protons, électrons, et le « vent solaire » qui leur est associé.

Nous allons voir apparaître des manifestations, certaines régulières, d'autres imprévisibles, réparties selon toutes sortes de nouvelles échelles de temps, quotidiennes encore, mais aussi mensuelles, annuelles, voire séculaires ou millénaires. Nous conclurons sur une brève histoire du Soleil comme étoile, sur les 4,5 milliards d'années de son passé et sur ce que nous pouvons imaginer de son futur.

Plan

1. Les marées
2. Les ultraviolets et la couche d'ozone
3. Observer le Soleil et ses taches
4. Vent solaire et aurores boréales
5. Le Soleil : une étoile qui vieillit

1. Les marées

La marée est un mouvement oscillatoire et périodique du niveau de la mer qui se manifeste localement par la montée et la descente des eaux. On peut observer une marée plus ou moins intense, parfois très faible sur toutes les mers du globe.

C'est un phénomène dû aux effets de l'attraction de la Terre, de la Lune et du Soleil sur l'eau des mers et des océans, associée au mouvement de rotation de la Terre et de la Lune.

a. Le système Terre-Lune

On a l'habitude de dire que la Lune tourne autour de la Terre. En réalité, il faut dire que la Terre et la Lune tournent toutes deux autour de leur « centre de masse » commun. La Terre et la Lune sont deux masses qui s'attirent suivant la loi de la gravitation. Elles devraient donc « tomber » l'une vers l'autre et s'écraser l'une contre l'autre, mais le fait qu'elles tournent autour d'un axe commun fait que la « force centrifuge » qui résulte de cette rotation, force qui tend à les éloigner l'une de l'autre, compense exactement la gravitation et les maintient ainsi à une distance presque constante, voisine de 384 000 km.

b. Le rôle de la Lune dans les marées

Supposons pour commencer que la Terre et la Lune soient isolées du Soleil, les seuls mouvements à prendre en compte étant la rotation du système Terre-Lune et la rotation de la Terre sur elle-même.

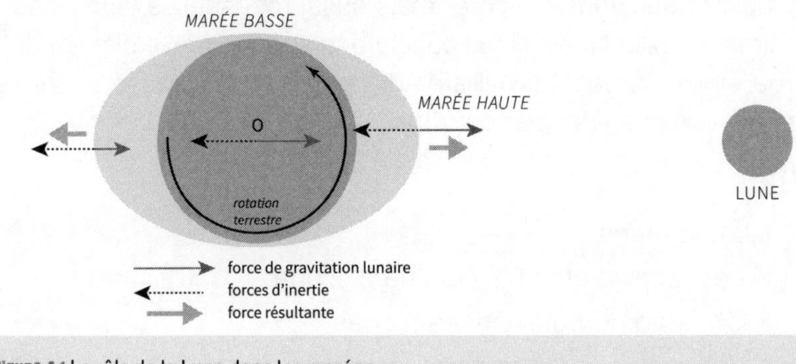

Figure 4.1 Le rôle de la Lune dans les marées

L'eau située à la surface de la Terre est soumise à 3 forces, l'attraction terrestre (non représentée sur la figure) dont le seul rôle est de maintenir l'eau autour de la Terre, l'attraction lunaire (flèches grise fine), plus intense du côté proche de la Lune que du côté opposé, et enfin la force d'inertie ou force centrifuge (flèches noir fines) due au mouvement de rotation du système Terre-Lune.

La résultante de ces deux dernières est représentée par les flèches grises, elle a pour effet de déformer les masses liquides : celles qui sont situées du côté de la Lune ont tendance à s'en rapprocher, donnant un bourrelet qui pointe vers elle, alors que les masses situées à l'opposé, soumises à une force de signe contraire, s'en éloignent, formant un bourrelet de sens opposé au précédent. Ces deux bourrelets ont des positions fixes par rapport à l'axe Terre-Lune, et, du fait de la rotation de la Terre sur elle-même, chaque point de la surface terrestre traverse ces deux bourrelets chaque jour, ce qui se traduit en principe par deux marées hautes et deux marées basses quotidiennes, avec de fortes variations locales.

La périodicité des marées n'est pas exactement le double de celle de la rotation terrestre du fait de la rotation de la Lune autour de la Terre en 27 j, 7 h, 43 min, qui retarde les marées d'environ une heure par jour.

c. Influence du Soleil

Le Soleil est beaucoup plus gros et lourd que la Lune, mais beaucoup plus éloigné de nous et la force gravitationnelle qu'il exerce sur la Terre est deux fois moins grande que celle de la Lune. Elle est cependant suffisamment forte pour que, suivant les positions relatives de la Lune et du Soleil par rapport à la Terre, sa participation à la marée soit importante, tantôt positive, tantôt négative.

C.1. Nouvelle lune : Soleil, Lune et Terre sont alignés

Les forces s'additionnent : marées importantes « de vives-eaux »

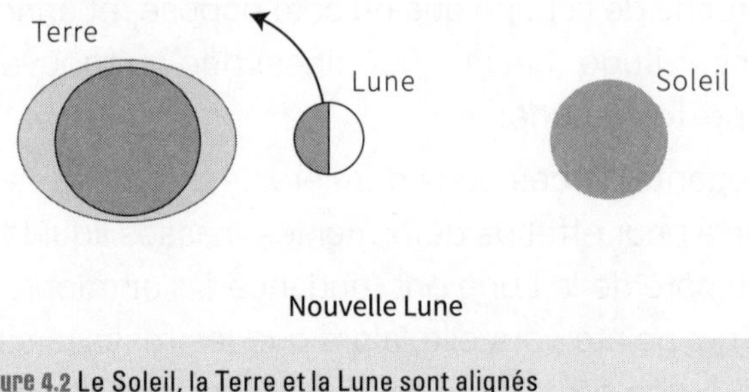

Figure 4.2 Le Soleil, la Terre et la Lune sont alignés

C.2. Premier quartier : les 3 astres forment un angle droit

Les forces se contrarient : marées faibles « de mortes-eaux ». Le dernier quartier donne une configuration de marée identique à celle-ci.

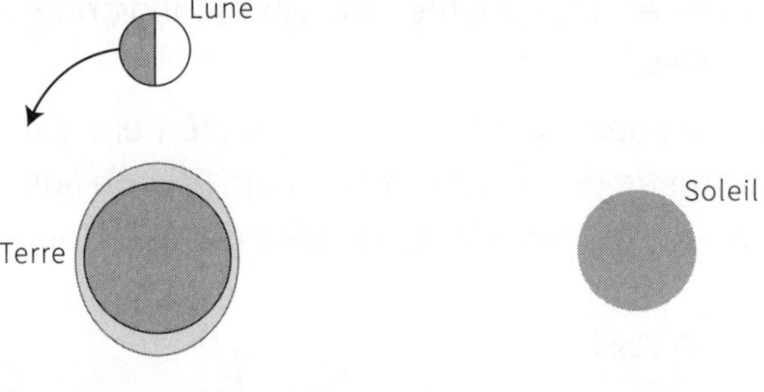

Figure 4.3 Le Soleil, la Lune et la Terre sont alignés

C.3. Pleine lune : Soleil, Terre et Lune sont alignés

Les forces s'additionnent : marées « de vives-eaux », un peu moins importantes cependant que les vives-eaux de nouvelle Lune.

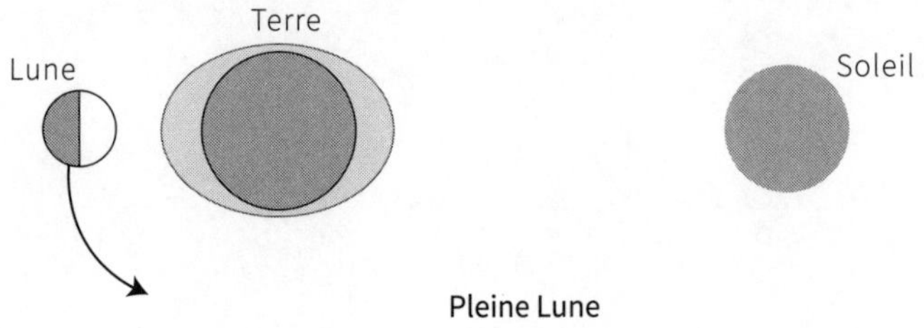

Figure 4.4 Le Soleil, la Lune et la Terre forment un angle droit

En réalité, le phénomène de marée est beaucoup plus complexe que ce que laisse supposer le modèle précédent. L'ampleur et la périodicité de la marée dépendent du lieu : elles sont déterminées par de nombreux facteurs dont la taille du bassin maritime, sa profondeur, le profil des fonds marins, l'existence de bras de mer, la latitude, etc. Dans certaines mers, comme la Méditerranée, tous ces facteurs sont à l'origine d'une marée tellement faible qu'elle peut être négligée.

La hauteur de la marée, c'est-à-dire la différence de hauteur du niveau marin entre basse et pleine mer, appelée « marnage », varie considérablement d'un lieu à un autre et, en un même lieu, entre vives-eaux et mortes-eaux. À titre d'exemple, dans le port de Saint-Malo, le marnage varie de 3,10 m en mortes-eaux à 12,95 m en vives-eaux.

2. Les ultraviolets et la couche d'ozone

a. L'atmosphère de la Terre

L'atmosphère terrestre est une couche gazeuse qui s'étend sur plus de 1 000 km d'épaisseur, dont la pression décroît avec l'altitude alors que sa composition varie peu mais sa température change beaucoup comme le montre la courbe de la figure ci-dessous dans les 110 premiers kilomètres.

La troposphère représente les dix premiers kilomètres et contient les trois quarts de la masse d'air totale. La stratosphère comprise entre 10 et 50 kilomètres contient la couche d'ozone.

Dans les couches supérieures, la température commence par décroître jusqu'à -80 °C (mésosphère) et croît ensuite jusqu'à près de 1 000 °C, valeur qu'elle atteint à 100 kilomètres d'altitude (thermosphère).

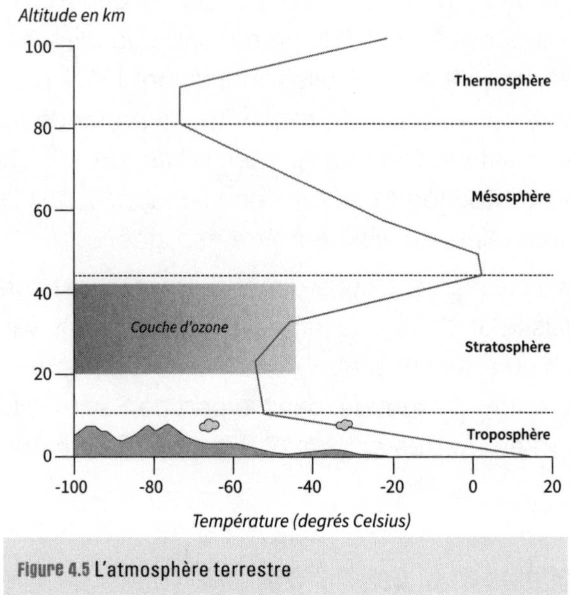

Figure 4.5 L'atmosphère terrestre

b. Les rayons ultraviolets A, B, C

Près de 5 % de l'énergie du Soleil est émise sous forme de rayonnement ultraviolet. Celui-ci fait partie du rayonnement électromagnétique ; il est situé immédiatement après la lumière violette dans l'échelle des fréquences croissantes donc des longueurs d'onde décroissantes.

L'énergie que transportent les rayons ultraviolets est plus élevée que celle de la lumière visible : elle est susceptible de casser certaines molécules, ce qui explique pourquoi ces rayons sont dangereux.

Parmi les molécules susceptibles d'être cassées figure le dioxygène O_2 situé dans la zone comprise entre 10 et 50 km d'altitude de l'atmosphère, appelée *stratosphère*, ce qui donne naissance à deux atomes d'oxygène. Chaque atome d'oxygène O ainsi formé cherche alors un partenaire et s'associe avec une molécule de dioxygène pour produire la molécule d'ozone composée de 3 atomes d'oxygène :

$$O + O_2 + \text{rayonnement ultraviolet} = O_3$$

Nous verrons plus loin l'importance de l'ozone dans l'équilibre de la biosphère.

Les ultraviolets (UV) sont subdivisés en UV-A, UV-B et UV-C en fonction de leur longueur d'onde.

L'intérêt de cette division tient au fait que l'absorption par l'ozone atmosphérique, très faible pour les UV-A, est totale pour les UV-C.

Les **UV-A** (400-315 nm) représentent près de 95 % du rayonnement UV qui atteint la surface de la Terre : ce sont les plus dangereux. Ils peuvent pénétrer dans les couches profondes de la peau (mélanomes). Responsables de l'effet de bronzage immédiat, ils favorisent le vieillissement de la peau et l'apparition de rides. Des études récentes laissent fortement penser qu'ils pourraient également favoriser le développement des cancers cutanés.

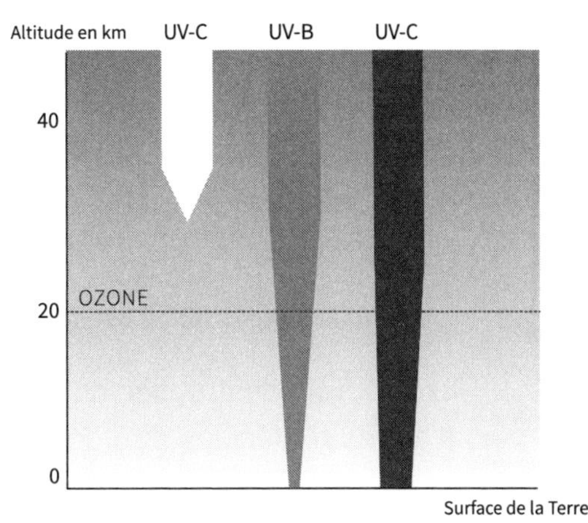

Figure 4.6 Les UV A, B et C

Les **UV-B** (315-280 nm) en partie filtrés par l'atmosphère ont une activité biologique importante, mais ne pénètrent pas au-delà des couches superficielles de la peau car ils sont relativement absorbés par la couche cornée de l'épiderme dont les cellules contiennent de la mélanine. Ils sont responsables du bronzage et des coups de Soleil, ils favorisent le vieillissement de la peau et l'apparition de cancers cutanés. Mais de courtes expositions aux UV-B peuvent être bénéfiques pour certains types de pathologies de la peau.

Les **UV-C** (280-100 nm), de courte longueur d'onde, seraient les plus nocifs, mais ils sont complètement filtrés par la couche d'ozone de l'atmosphère et n'atteignent donc pas la surface de la Terre.

C. La couche d'ozone

Nous avons déjà parlé du rôle de l'ozone dans l'effet de serre dans le chapitre 2. Nous allons ici parler de la couche d'ozone qui se forme entre 20 et 50 km d'altitude grâce au Soleil et qui est indispensable à la vie sur Terre : elle retient une partie importante des rayons ultra-violets du Soleil.

La couche d'ozone s'est formée il y a deux milliards d'années lors de l'apparition sur Terre de la photosynthèse : l'oxygène produit par les plantes dans l'atmosphère s'est partiellement transformé sous l'effet des UV solaires en ozone. Mais l'ozone ainsi formé est instable, il est détruit par différents mécanismes et sa présence dans l'atmosphère résulte donc d'un constant processus de formation/dissipation appelé « équilibre dynamique ».

d. Comment l'ozone est-il détruit ?

Il existe une destruction chimique naturelle où l'ozone est transformé en d'autres molécules et atomes :

- sous l'effet des rayons solaires, la molécule d'ozone peut elle-même être cassée : O_3 + rayonnement solaire = $O_2 + O$;
- en absence de Soleil, pendant la nuit polaire, les atomes d'oxygène restant sans partenaire dans la stratosphère vont chercher à se combiner avec des molécules ; si un atome d'oxygène O rejoint une molécule d'ozone O_3, on obtient deux molécules de dioxygène : $O_3 + O = 2\ O_2$.

Ces réactions naturelles sont insuffisantes pour assurer l'équilibre dynamique de la couche d'ozone. Il existe d'autres molécules d'origine naturelle (chlorure de méthyle) qui viennent ajouter leur effet destructeur d'ozone et assurer ainsi l'équilibre.

C'est grâce à ces différents mécanismes qu'une couche d'ozone d'épaisseur sensiblement constante a assuré une protection contre les UV qui a permis le développement de la vie terrestre.

Mais il est apparu au cours du XXe siècle une nouvelle cause de destruction de l'ozone par des molécules de synthèse, les ChloroFluoroCarbures (CFC), largement utilisés dans la production de froid et dans les bombes aérosol.

e. Le « trou dans la couche d'ozone »

À la fin des années 1970, des scientifiques ont remarqué une diminution périodique de la quantité d'ozone dans l'Antarctique : diminution qui débute au printemps austral (à la fin de la nuit polaire) et cesse plusieurs mois après. C'est cet amincissement de la couche d'ozone que l'on a appelé « trou dans la couche d'ozone ».

En 1985, ce phénomène a pris des proportions gigantesques ; scientifiques et écologistes ont commencé à s'inquiéter sérieusement : près de 50 % de l'ozone avait disparu ; le « trou d'ozone » couvrait l'ensemble de l'Antarctique. Dès lors, l'évolution du « trou » a été surveillée.

En 1994, les Nations unies ont désigné le 16 septembre comme journée mondiale officielle de protection de la couche d'ozone, cette date faisant référence au protocole de Montréal, signé le 16 septembre 1987, accord international visant à réduire et à terme éliminer complètement les substances qui appauvrissent la couche d'ozone. Depuis 1998, l'usage des gaz CFC est totalement interdit.

Les derniers chiffres publiés par l'Organisation mondiale de météorologie (WMO) à l'occasion de la journée mondiale pour la protection de la couche d'ozone sont peu différents de ceux des précédentes années : en 2003 le trou atteignait 22 millions de km^2 ; à la mi-septembre 2009, il s'étendait sur une superficie de 24 millions de km^2 environ. On constate que l'extension du trou semble avoir ralenti, mais il faut être très optimiste pour penser qu'il va disparaître complètement.

3. Observer le Soleil et ses taches

On a donné au chapitre 1 une image de la surface solaire prise un jour d'activité assez intense, où de nombreuses taches sont visibles sur toute la surface. On a également signalé le danger que représente une observation directe du Soleil à l'œil nu ou à travers un instrument grossissant. Le montage proposé pour observer les éclipses n'a malheureusement pas une résolution suffisante pour l'observation des taches solaires. Pour une observation sans danger et de bonne qualité, il est recommandé d'utiliser des instruments spécifiques dont il existe des modèles commerciaux déjà mentionnés (Solarscope).

À défaut d'un instrument adapté, on peut consulter quotidiennement l'aspect du Soleil sur le site : http://www.spaceweather.com

Les taches correspondent à des zones de la surface solaire plus froides que la matière qui les entoure (4 000 K au lieu de 5 800 K). C'est cette différence de température qui, par contraste, les fait apparaître sombres. L'existence de ces taches donne une mesure de ce qu'on appelle l'activité solaire et cette activité varie de façon périodique selon des cycles de 11 ans. Au début d'un cycle, les taches apparaissent par paires assez loin de l'équateur solaire ; plus le Soleil est actif, plus il y a de taches et plus elles se rapprochent de l'équateur. Ensuite, elles disparaissent assez rapidement et l'activité décroît jusqu'au cycle suivant.

L'observation des taches solaires a commencé il y a plus de mille ans et on possède des archives permettant de suivre le cycle de leurs apparitions et disparitions depuis plusieurs centaines d'années. On a pu ainsi constater que le cycle de 11 ans n'est pas du tout régulier, et qu'il a même parfois complètement disparu durant de longues périodes, plus aucune tache n'étant visible pendant plus de 50 ans. Ce calme s'est accompagné d'un fort refroidissement terrestre. La photo n° IV.1 du cahier couleur donne l'aspect du Soleil observé en 2001 et en 2008.

Pourquoi des taches ?

Les taches que les instruments adaptés permettent d'observer ne sont que l'expression de l'abaissement de température dû à de gigantesques tourbillons du gaz qui forme la surface visible du Soleil, appelée photosphère. Ces tourbillons s'accompagnent de l'éjection, à des distances qui se mesurent en centaines de milliers de kilomètres, de ce gaz, formé d'atomes ayant perdu des électrons, donc électriquement chargés positivement, et d'électrons. Vus en perspective, ces jets de gaz apparaissent comme d'immenses rideaux lumineux, *les protubérances* (photo n° IV.2 du cahier couleur), qui sont plus ou moins stables ; certaines protubérances forment des arches constantes pendant des semaines, d'autres explosent violemment en expulsant à très grande vitesse les particules dont elles sont formées. Elles peuvent s'étendre sur plus de 100 000 km.

4. Vent solaire et aurores boréales

a. Le Soleil nous bombarde

Nous avons décrit dans les chapitres précédents les différentes sortes de rayonnement électromagnétique que nous envoyait le Soleil, lumière visible, chaleur, UV... Ce n'est pas tout, car il projette en permanence autour de lui un flux de particules électriquement chargées, surtout des électrons, mais aussi des noyaux atomiques, essentiellement d'hydrogène et d'hélium, qui forment ce qu'on appelle le « vent solaire » dont une petite fraction atteint la Terre.

Ce vent solaire vide le Soleil d'environ 10^9 kg de matière par seconde et s'échappe à une vitesse moyenne de 450 km/s. Lors d'éruptions solaires violentes, il peut devenir une véritable tempête, voire un ouragan. Autant lumière et chaleur étaient les bienvenues, autant ces particules électriquement chargées et animées d'une très grande vitesse sont plutôt des nuisances dont, heureusement, nous sommes relativement bien protégés.

b. La Terre se protège

La Terre possède un champ magnétique qui oriente nos boussoles, mais qui joue également un rôle considérable comme bouclier contre les particules que nous envoie le Soleil.

n°36

expérience

Il s'agit de faire apparaître la force qui s'exerce sur un courant électrique lorsqu'il circule dans un champ magnétique. On va donc faire passer un courant dans un conducteur susceptible de se déplacer. Le schéma de gauche de la figure 4.7 représente le montage proposé.

On prend 8 cm d'un fil de cuivre A de 1,5 mm de diamètre dénudé que l'on coude en U et qu'on repose sur deux morceaux B et C du même fil de cuivre dénudé, coudés en gouttière et placés de façon que le U soit situé juste au-dessus d'un aimant plat.

Ces deux fils sont fixés sur un support et reliés à une pile plate de 4,5 V par l'intermédiaire d'un interrupteur. Lorsque le circuit est ouvert et qu'il ne passe aucun courant dans le fil, le U pend verticalement.

Sur le schéma de droite de la figure 4.7 l'interrupteur est fermé, un courant parcourt le U, qui est situé dans le champ magnétique de l'aimant.

Il apparaît une force perpendiculaire à la fois au courant et au champ magnétique qui pousse le fil latéralement et le fait basculer. Cette force disparaît dès qu'on coupe le courant.

Un courant électrique circulant dans un fil n'est rien d'autre que l'écoulement d'électrons dans un tuyau. Soumis à la force magnétique, les électrons la transmettent au tuyau qui se déplace. Ce mécanisme est à la base du fonctionnement de tous les moteurs électriques. Les photos de la figure 4.8 montrent les deux phases de l'expérience.

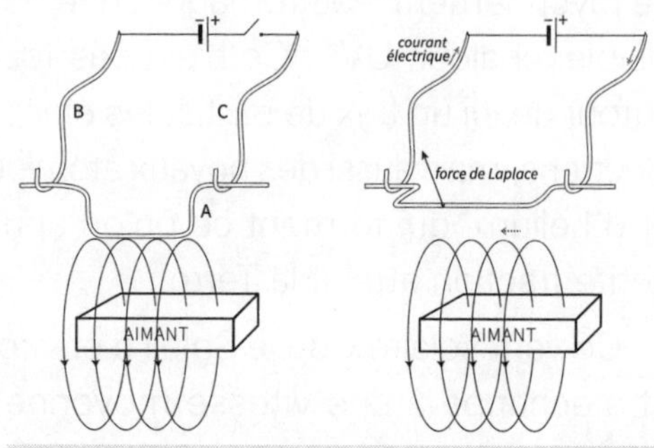

Figure 4.7 Schémas du montage

Figure 4.8 Photos du montage. À gauche, le courant ne circule pas, à droite, le courant circule.

On peut considérer la Terre comme un gros aimant droit dont les pôles sud et nord coïncident assez bien avec les pôles géographiques Nord et Sud. Le champ de cet aimant s'étale loin tout autour de la Terre et les particules électriques du vent solaire, lorsqu'elles s'approchent de la Terre, ressentent l'effet de ce champ magnétique qui les dévie et fait que très peu d'entre elles pénètrent dans l'atmosphère. La majeure partie contourne ce bouclier magnétique, la *magnétopause*, mais une certaine partie pénètre par des *entonnoirs polaires* orientés selon l'axe des pôles magnétiques et atteint les régions polaires où elles engendrent des *aurores polaires*.

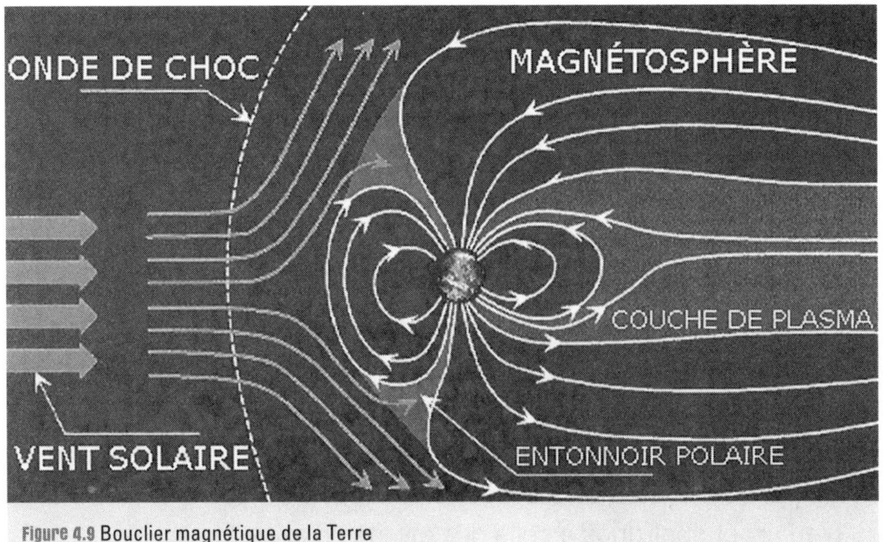

Figure 4.9 Bouclier magnétique de la Terre

Lors des éruptions violentes, le Soleil libère dans l'espace d'énormes quantités de particules chargées. En s'approchant de la Terre, celles-ci provoquent des fluctuations brusques du champ magnétique terrestre entraînant un écrasement plus ou moins important du bouclier que constitue la magnétosphère, ce qui permet à ces particules d'atteindre la Terre : ce sont ces perturbations que l'on appelle « orages magnétiques ». D'intensité variable, ils peuvent endommager les systèmes radioélectriques terrestres et provoquent l'apparition de nombreuses aurores polaires.

Ces tempêtes de vent solaire peuvent soumettre les sondes spatiales et les satellites à de grandes doses de radiations et peuvent aussi perturber fortement la transmission des signaux de la radio et de la télévision, provoquer des courants induits dans les pipelines métalliques et ainsi accélérer leur corrosion. Elles peuvent enfin générer des courants sur les lignes à haute tension, qui provoquent des surchauffes dans les transformateurs : en 1989, au Canada, environ six millions de personnes se sont retrouvées sans électricité à cause d'un orage magnétique particulièrement violent. Lors d'une éruption solaire, le flux de particules atteignant la Terre peut être jusqu'à mille fois plus intense qu'en l'absence d'éruption.

C. Aurores polaires

Une aurore polaire est un phénomène lumineux provoqué par l'entrée dans l'ionosphère de particules chargées issues du vent solaire. Elle apparaît comme une sorte de voile coloré dans le ciel nocturne. Les aurores se produisent principalement dans les régions proches des pôles : elles sont boréales dans l'hémisphère Nord et australes dans l'hémisphère Sud (photo IV.3 du cahier couleur).

Lorsqu'une aurore polaire se produit dans l'hémisphère Nord (aurore boréale), il s'en produit généralement une dans l'hémisphère Sud (aurore australe), mais leurs intensités peuvent être différentes.

Les aurores polaires de couleur jaune, verte ou rouge foncé sont dues à l'ionisation des atomes d'oxygène, alors que celles de couleur rouge ou bleu violet sont dues à celle des atomes d'azote.

Les aurores polaires sont provoquées par l'interaction entre les particules chargées du vent solaire et la haute atmosphère, dans une zone annulaire justement appelée « zone aurorale » (entre 65° et 75° de latitude). En cas d'éruption solaire particulièrement intense, l'arc auroral s'étend et commence à envahir des zones beaucoup plus proches de l'équateur. L'aurore polaire est « descendue » jusqu'à Honolulu en septembre 1859 et jusqu'à Singapour en septembre 1909, atteignant ainsi le dixième degré de latitude sud. En novembre 2003, une aurore boréale a pu être observée dans le sud de l'Europe.

5. Le Soleil, une étoile qui vieillit

Le Soleil, c'est toute une histoire !

Une étoile parmi les 200 milliards réparties dans notre galaxie, sans parler des étoiles qui forment les 100 milliards de galaxies qui peuplent l'univers visible, voilà ce qu'est notre Soleil. Certes toutes ces étoiles ne sont pas identiques, n'ont pas toutes le même âge et ne finiront probablement pas de la même façon. La proximité de notre Soleil nous permet de connaître beaucoup plus de choses sur lui que sur toute autre étoile, mais c'est en le classant dans une hiérarchie fondée sur l'observation de milliers d'étoiles voisines qu'on peut de façon assez sûre retracer son histoire passée et présager de son avenir.

Cette histoire est résumée dans le dessin ci-dessous : on voit que, après 4,5 milliards d'années, le Soleil n'a encore que très peu évolué et justifie toujours son classement dans les naines jaunes, lié à la masse qu'il avait à sa naissance. Cela ne va pas durer éternellement, et dans 5 milliards d'années, au cours desquelles sa température va augmenter régulièrement, il va commencer à gonfler énormément, bien plus que ne le suggère la figure, puisqu'il va englober tout son proche voisinage, y compris, peut être la Terre. Il va devenir une géante rouge.

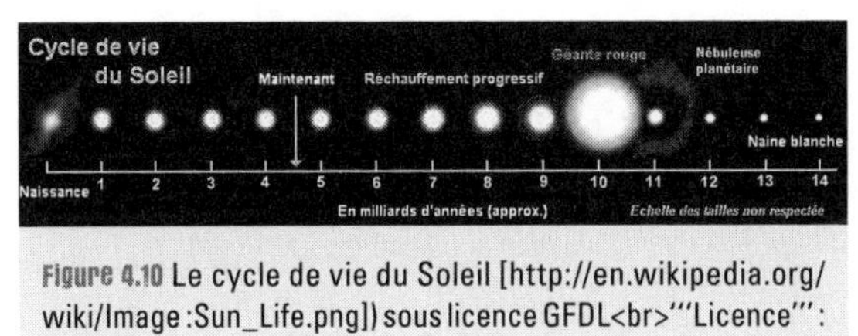

Figure 4.10 Le cycle de vie du Soleil [http://en.wikipedia.org/wiki/Image:Sun_Life.png]) sous licence GFDL
'''Licence''' : identiq)

Encore quelques milliards d'années pour finir de consommer toutes ses réserves et il ne lui restera plus qu'à s'effondrer sur lui-même et à devenir une naine blanche, guère plus grosse que la Terre actuelle, mais d'une densité de l'ordre d'une tonne par centimètre cube ! Ce destin est en fait celui qui attend 97 % des étoiles de notre galaxie.

Rassurons-nous : tout cela arrivera dans très longtemps et il est probable que les hommes ou plutôt leurs descendants lointains auront trouvé mille moyens de survivre, à moins qu'ils n'aient eux-mêmes, bien avant cette lointaine apocalypse, suffisamment abîmé leur planète pour qu'elle soit déjà devenue invivable.

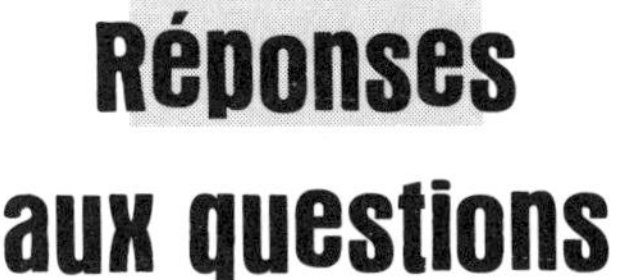

Réponses aux questions

Chapitre 1. Le Soleil et sa lumière

Question 1 (page 10)

Le télescope JWST, qui doit succéder au télescope Hubble, sera envoyé en un point situé à 1 500 000 km de la Terre, sur l'axe Soleil-Terre, du côté opposé au Soleil.
Sous quel angle voit-on le Soleil et la Terre depuis ce point ?
JWST verra-t-il le Soleil ? (se reporter au paragraphe 1.1.)

La terre est vue sous un angle de : 12 800/1 500 000 = 0,00853 rd
Compte tenu du rapport entre les distances JWST/Terre et Soleil/Terre, le Soleil est pratiquement vu sous l'angle où on le voit depuis la Terre, soit 0,00928 rd, légèrement supérieur à l'angle sous lequel JWST voit la Terre. Il verra donc une couronne solaire.

Question 2 (page 12)

Si on considère que le passage de l'ombre à la pénombre se fait pour une distance de la baguette à l'écran comprise entre 1 m et 1,5 m, donner une valeur approximative du diamètre de la baguette.

On dira que le passage de l'ombre à la pénombre se produit lorsque l'objet est vu sous le même angle que le Soleil, soit 0,00928 rd. Prenons comme valeur moyenne de cette distance 125 cm, cela donne pour le diamètre de la baguette la valeur : D = 125×0,00928 = 1,16 cm.

Chapitre 2. Le Soleil chauffe

Question 3 (page 37

Combien de centrales nucléaires de 1 300 MW chacune, faudrait-il pour fournir une telle énergie ?

Énergie du Soleil : $3{,}876.10^{20}$ MW

$3{,}876.10^{20}/1300 = 3.10^{17}$ centrales nucléaires !

Chapitre 3. Le Soleil mesure le temps

Question 4 (page 53)

Calculer la valeur approximative de la distance Terre-Soleil. Il suffit pour cela de savoir que la lumière du Soleil met 8 minutes pour arriver sur Terre et d'utiliser la vitesse de la lumière.

Valeur approximative de la distance Terre-Soleil :

$L = v_{lumière} \times$ temps,

$v_{lumière} = 300\ 000$ km/s, temps $= 8 \times 60 = 480$ s

L = 144 000 000 km

Bételgeuse, dans la constellation d'Orion, est une supergéante rouge située à environ 430 années-lumière de la Terre. À quelle distance se trouve-t-elle en kilomètres ?

Valeur approximative de la distance Terre-Bételgeuse :

$L = 430 \times 9{,}460.10^{15}$ m $= 4{,}067.10^{18}$ m

Question 5 (page 53)

En utilisant les valeurs numériques données en annexe, calculer sous quel angle nous voyons le Soleil.

Diamètre du Soleil : 1 392 000 km,

distance moyenne Terre-Soleil : 150 000 000 km

On voit le Soleil sous un angle de :

1 392 000/150 000 000 = 0,00928 rd

Sous quel angle voit-on la Lune ?

Diamètre de la Lune : 3 476 km, distance moyenne Terre-Lune : 380 000 km

Angle moyen sous lequel on voit la Lune : 3476/380 000 = 0,00915 rd

À quelle distance doit-on se mettre d'une balle de tennis de 6,5 cm de diamètre pour la voir exactement sous le même angle que le Soleil ?

L = D/A = 6,5/0,00915 = 710 cm = 7,1 m

La photo 3.3 représente une éclipse totale de Soleil. En utilisant les réponses aux questions 1 et 2 précédentes, peut-on expliquer pourquoi, lors d'une éclipse, la Lune cache à peu près le Soleil, comme on l'observe sur la photo ?

Les deux valeurs moyennes 0,00915 et 0,00928 rd sont très voisines : on en déduit que les angles sous lesquels on voit la Lune et le Soleil sont eux-mêmes très voisins, ce qui explique pourquoi la Lune cache presque exactement le Soleil durant une éclipse.

Question 6 (page 66)

Peut-on, d'après ce dessin, deviner ce qui se passe ce jour-là aux pôles ?

On voit en regardant le dessin qu'un observateur situé au pôle (nord ou sud) voit le Soleil exactement à l'horizontale, ce qui se traduit par le fait que la surface du Soleil est coupée en deux par la ligne d'horizon. L'observateur voit donc un demi-Soleil faire le tour complet de l'horizon au cours de la journée.

Question 7 (page 73)

Vous avez une montre réglée sur l'heure du méridien de Greenwich, vous observez le Soleil avec un sextant et vous notez qu'il culmine à 14 h 36 min. On rappelle que 15° correspondent à une heure. À quelle longitude vous trouvez-vous ?

Le décalage de temps entre midi et 14 h 36 est de 2 heures et 36 minutes, soit 2,6 heures. Une heure correspondant à 15°, cela représente un angle de 15×2,6 = 39°, soit une longitude de 39° W. On sait que c'est à l'ouest car la rotation de la Terre fait que le Soleil culmine au zénith de plus en plus tard lorsqu'on va vers l'ouest.

Annexes

Liste du matériel nécessaire pour les expériences

Chapitre 1. Le Soleil et sa lumière

expérience 1. (page 7) • *La diffusion de la lumière par les nuages*
Grande boîte cubique en carton de 30 cm de côté, papier calque canson, quelques objets de formes variées.

expérience 2. (page 8) • *Le Soleil, une lumière intense*
Papier blanc, lampe torche puissante, lampe ordinaire.

expérience 3. (page 9) • *Le cône d'ombre de la Terre*
Soleil.

expérience 4. (page 11) • *L'ombre évolue en fonction de la distance*
Chevalet, balle de tennis ou baguette.

expérience 5. (page 12) • *Tromper son ombre*
Miroir.

expérience 6. (page 12) • *Quand la pénombre disparaît*
Arbre feuillu, crayon.

expérience 7. (page 14) • *Réflexion sur un miroir*
Miroir plan, lampe torche.

expérience 8. (page 15) • *Angles d'incidence, de réflexion et de réfraction*
Cuve transparente à fond plat, pointeur laser (magasin de bricolage).

expérience 9. (page 16) • *La réfraction*
Cuve transparente à fond plat, miroir plan, pointeur laser.

expérience 10. (page 17) • *La réfraction par un prisme*
Prisme en verre (par exemple établissement JEULIN ou morceau de vitre cassée).

expérience 11. (page 17 • *Décomposition de la lumière*
Grande boîte cubique en carton, feuilles transparentes colorées jaune, bleu.

expérience 12. (page 18) • *Les couleurs du spectre*
Feuille de carton, feuille blanche, prisme en verre ou morceau de vitre cassée.

expérience 13. (page 19) • *Synthèse additive*
3 lampes torches, filtres colorés rouge, vert et bleu, écran.

expérience 14. (page 19) • *Synthèse soustractive*
3 crayons de couleur, rouge, vert et bleu.

expérience 15. (page 21) • *Ciel bleu et rouge*
2 grands verres transparents lisses, eau, lait.

expérience 16. (page 23) • *Arc-en-ciel*
Lance jet d'eau dans un jardin.

expérience 17. (page 24) • *La photosynthèse*
Plante aquatique, élodée ou jacinthe d'eau (dans les magasins d'aquarium), récipient clos.

expérience 18. (page 25) • *Germination des graines*
Petites graines (lentilles), papier absorbant.

expérience 19. (page 16) • *Photosynthèse*
2 grands récipients, eau distillée, eau de source, 2 verres, menthe ou élodée.

expérience 20. (page 27) • *Les couleurs de la chlorophylle*
Feuille d'épinards, mixeur, 2 verres étroits ou 2 tubes à essai, alcool à 90°, spot halogène.

expérience 21. (page 28) • *Cellule photovoltaïque*
Lampes solaires de jardin, contrôleur (facultatif), lampes LED.

Chapitre 2. Le Soleil chauffe

expérience 22. (page 34) • *Rayonnement thermique*
Tournevis, brûleur à gaz.

expérience 23. (page 39) • *Chauffe-eau solaire*
Tuyau en plastique noir, boîte polystyrène (intérieur peint en noir), thermomètre, liaison à un robinet d'eau froide.

expérience 24. (page 40) • *Faire fondre la glace*
Tuyau en plastique noir, boîte polystyrène dont l'intérieur est peint en noir, thermomètre, bac à glace.

expérience 25. (page 40) • *Dessaler l'eau de mer*
Boîte polystyrène avec un couvercle incliné, rigole pour récupérer l'eau de condensation.

expérience 26. (page 45) • *Effet de serre*
2 cuves polystyrène, 2 plaques de verre, miroir, 2 thermomètres.

expérience 27. (page 45) • *Four solaire pour cuire un œuf*
Cuve en bois peinte en noir à l'intérieur, plaque de verre, œuf cru.

expérience 28. (page 49) • *Aérer sans refroidir*
Boîte étanche isotherme, 1 m de tube en cuivre de diamètre 2 cm environ, 1 m de tube en plastique de diamètre double, un sèche-cheveux, une sonde thermique.

Chapitre 3. Le Soleil mesure le temps

expérience 29. (page 54) • *La course du Soleil*
Bâton de 1 mètre environ.

expérience 30. (page 64) • *La course annuelle du Soleil*
Bâton de 1 mètre environ, surface plane dans un espace extérieur.

expérience 31. (page 64) • *Le couple Terre-Soleil*
Orange, aiguille à tricoter ou baguette, table ronde ou ovale, lampe boule.

expérience 32. (page 69) • *Précession des équinoxes*
même matériel que 31.

expérience 33-page 70) • *Observer le Soleil*
Grande boîte en carton cubique de 30 cm de côté, lunette monoculaire (on les trouve en particulier dans les magasins de matériel sportif), papier calque.

expérience 34. (page 74) • *Cadran solaire multiple*
Grande bande de carton rigide, boussole, niveau, cutter.

expérience 35. (page 80) • *Équation du temps la courbe en 8*
Papier calque.

Chapitre 4. La face cachée du Soleil

expérience 36. (page 95) • *Aimant, courant, mouvement*
Fil de cuivre de 1,5 mm de diamètre, pile plate 4,5 V, interrupteur, aimant plat puissant (type aimant pour vache).

Quelques données numériques astronomiques (en km)

Diamètre du Soleil	Diamètre de la Terre	Diamètre de la Lune	Distance Terre-Soleil	Distance Terre-Lune
1 392 000	12 800	3 476	147 349 000 (périhélie)	356 375
			152 448 000 (aphélie)	406 720

Rayon moyen R des trajectoires de la Terre, de la Lune et du Soleil

R_{Lune} autour de la Terre	384 400 km
R_{Terre} autour du Soleil	150 000 000 km
R_{Soleil} autour du centre de notre galaxie	25 à 28 000 années-lumière* = 237,5 à 266.10^{15} km

*l'année-lumière est la distance parcourue par la lumière en un an, à la vitesse proche de 300 000 km/s.

1 année-lumière = (300 000 km/s) × (365 j) × (24 h) × (60 min) × (60 s).

1 année-lumière est donc proche de 9 460 800 000 000 km ou $9,5.10^{12}$ km.

Périmètres P des trajectoires P = 2πR de la Terre, de la Lune et du Soleil.

P_{Lune} autour du la Terre	$3,1571 \times 10^{19}$ km
P_{Terre} autour du Soleil	2 513 274 km
P_{Soleil} autour du centre de notre galaxie	PtR = 942 000 000 km

Vitesses de rotation V sur leurs trajectoires de la Terre, la Lune et le Soleil

V_{Lune} autour du la Terre	1 km/s
V_{Terre} autour du Soleil	29,79 km/s (107 244 km/h)
V_{Soleil} autour du centre de notre galaxie	220 km/s

Table des matières

Cet ouvrage a été achevé d'imprimer en décembre 2012
dans les ateliers de Normandie Roto Impression s.a.s.
61250 Lonrai
N° d'impression : 124675
Dépôt légal : décembre 2012

Imprimé en France